GUIDE PRATIQUE

DE

L'ANALYSE DES URINES

PAR

S. LAACHE,
Médecin du « Rigshospitalet » à Christiania.

TRADUIT DE L'ALLEMAND

PAR

X. FRANCOTTE,
Assistant à l'Université de Liége.

AVEC 28 GRAVURES SUR BOIS.

PARIS
G. CARRÉ,
112, BOULEVARD ST-GERMAIN, 112
en face de l'Ecole de médecine.

BRUXELLES
A. MANCEAUX,
12, RUE DES TROIS-TÊTES, 12
(Montagne de la Cour).

1885

GUIDE PRATIQUE

DE

L'ANALYSE DES URINES

PAR

S. LAACHE,
Médecin du « Rigshospitalet » à Christiania.

TRADUIT DE L'ALLEMAND

PAR

X. FRANCOTTE,
Assistant à l'Université de Liége.

AVEC 23 GRAVURES SUR BOIS.

PARIS
G. CARRÉ,
112, BOULEVARD ST-GERMAIN, 112
en face de l'Ecole de médecine.

BRUXELLES
A. MANCEAUX,
12, RUE DES TROIS-TÊTES, 12
(Montagne de la Cour).

1885

PRÉFACE DE L'AUTEUR.

Ce livre sur l'analyse des urines a été composé pendant les derniers temps de mes fonctions d'assistant à l'Institut pathologique de Christiania, et c'est également dans cet Institut que j'ai examiné tous les cas intéressants d'urines pathologiques provenant de l'hôpital universitaire.

Il m'est bien agréable d'exprimer ici tous mes remercîments, d'abord au directeur de l'Institut, M. le professeur Heiberg, pour sa bienveillance et pour les conseils qu'il a bien voulu me donner, ensuite à M. le professeur Worm-Müller, qui a été pour moi un guide sûr et compétent dans l'étude des réactions du sucre, et enfin à mon ami le docteur J. Hagen auquel je dois de précieux renseignements.

Christiania, le 1er avril 1883.

La présente édition, qui parait deux ans après la publication du travail original, a été enrichie de nombreuses additions et s'est augmentée de deux feuilles environ : dans ces derniers temps, la question de l'analyse des urines a fourni matière à de nombreux travaux dont il fallait bien tenir compte.

M. le professeur WORM-MÜLLER a eu l'obligeance de revoir le chapitre relatif au sucre.

Je dois les plus vifs remercîments à M. J. OTTO, attaché à l'Institut physiologique de Christiania, et à M. le docteur SANGER, de Leipsig, pour l'utile secours qu'ils m'ont prêté dans le travail de la correction.

S. LAACHE.

Christiania, mars 1885.

PRÉFACE DU TRADUCTEUR.

Il serait aisé de trouver la matière d'un livre volumineux sur l'examen des urines, d'y réunir les innombrables observations et recherches urologiques, d'énumérer les procédés d'analyse si variés qu'on a imaginés, et d'étaler une longue série de renseignements bibliographiques. Ce qui est moins facile, c'est de démêler, dans la multitude des travaux relatifs à l'analyse des urines, les notions acquises, les indications utiles, de choisir parmi tant de méthodes de recherche, celles qui conviennent le mieux pour l'usage ordinaire, et de condenser le vaste sujet de l'urologie dans un exposé succinct.

Je n'hésite pas à dire que le docteur Laache a pleinement réussi à remplir cette tâche. Son livre, destiné aux praticiens, présente, sous une forme claire, concise et éminemment pratique, un résumé des connaissances actuelles les plus importantes sur la matière.

J'ai cru faire chose utile en le traduisant. Assurément, il existe en français d'excellents traités de l'analyse des urines; mais, si je ne me trompe, à part l'ouvrage de Delefosse, les plus récents remontent déjà à quelques années. Or, en quelques années, les travaux se sont beaucoup multipliés et ils ont fourni des résultats qu'il est bon d'extraire des publications spéciales et de mettre à la portée de tous dans un travail embrassant l'ensemble du sujet (1).

Je me suis renfermé dans le rôle de traducteur ou, du moins, les notes que je me suis permis d'ajouter sont fort rares et me seront sans doute, facilement pardonnées.

Quant aux additions proprement dites, peu nombreuses d'ailleurs, qui distinguent cette traduction de l'édition allemande, elles m'ont été indiquées par le docteur Laache lui-même.

X. Francotte.

Liége, le 25 juillet 1885.

(1) Ces recherches récentes sur les urines se trouvent également fort bien résumées dans l'excellent *Manuel de microscopie clinique*, etc. de Bizzozero et Firket. 2e édition française, 1885.

INTRODUCTION

La composition de l'urine est fort complexe et n'a point encore été élucidée dans tous ses détails.

Ses éléments principaux sont l'urée, l'acide urique, les chlorures, les sulfates, les phosphates, des matières colorantes et une notable proportion d'eau.

L'urée et l'acide urique sont les plus importants et l'on peut considérer l'urine comme une solution aqueuse diluée de ces deux corps à laquelle sont mélangés des sels inorganiques. Parmi ceux-ci, le chlorure de sodium occupe le premier rang.

La proportion des éléments principaux de l'urine pour les 24 heures est indiquée dans le tableau suivant (*Ultzmann*) :

	Grammes.	Pour cent.
Substances solides	60—70	4,3—4,6
Urée	30—40	2,5—3,2
Acide urique	0,4—0,8	0,03—0,05
Créatine	0,5—1,0	0,036—0,062
Acide hippurique	0,3—1,0	0,02—0,06
Chlorures	10,0—13,0	0,7—0,8
Phosphates terreux	0,9—1,3	0,07—0,08
Quantité totale d'acide phosphorique	2,5—3,5	0,19—0,22
Acide sulfurique	1,5—2,5	0,16—0,17

Outre ces éléments, on rencontre dans des conditions

pathologiques, d'autres substances que l'urine normale ne contient pas ou dont elle ne présente que des traces : il en est ainsi de l'albumine et du sucre. Les points qui doivent tout d'abord fixer l'attention dans un examen méthodique de l'urine sont : **la quantité** d'urine émise dans les 24 heures, **sa couleur** et **sa transparence, son poids spécifique, sa réaction, son odeur,** la présence ou l'absence des éléments anormaux les plus importants, en particulier **l'albumine et le sucre** et enfin, la nature **des sédiments** qui peuvent se présenter. En second lieu, il sera assez souvent intéressant de déterminer la proportion **d'urée** et d'**acide urique**, ainsi que la quantité des **sels** dissous, notamment des chlorures.

Nous présenterons d'abord quelques observations sur les **propriétés générales** de l'urine ; nous étudierons ensuite **ses principes constituants normaux ;** enfin, nous parlerons des **substances pathologiques** qu'elle peut renfermer.

I

PROPRIÉTÉS GÉNÉRALES DE L'URINE

QUANTITÉ

Chez l'homme, la quantité d'urine émise en 24 heures atteint en moyenne 1,500 c.c.; elle est généralement un peu moindre chez la femme.

Par l'ingestion d'une grande quantité d'eau, ainsi que par la diminution de l'activité de la peau, il se produit une **augmentation** de la sécrétion. Au contraire, l'usage d'une faible quantité de boissons et le fonctionnement actif de la peau (exercices musculaires) amènent une **diminution** de la quantité d'urine.

Cette quantité varie beaucoup sous l'influence des états pathologiques. Nous traiterons ce point à propos du poids spécifique.

COULEUR.

A l'état normal, la couleur de l'urine est d'un **jaune** plus ou moins prononcé suivant la concentration et, par des nuances presque imperceptibles, elle passe au rouge-jaunâtre. Par le repos, la coloration devient d'ordinaire un peu plus foncée.

On ne sait pas encore d'une façon positive quelle est la substance qui détermine la couleur de l'urine. Il est probable que différents principes la produisent :

1. L'**urochrome** (*Thudichum*). On peut obtenir cette

substance en masses jaunes facilement solubles dans l'eau. A l'air, la solution aqueuse prend une couleur rouge; il y a transformation en **uroérythrine** (*Heller*). C'est l'uroérythrine qui donne aux sédiments d'urates leur couleur rouge brique; on l'appelle encore **purpurine**.

Certains auteurs désignent la matière colorante normale de l'urine sous le nom d'*urophéine*.

2. L'**urobiline** que *Jaffé* a préparée sous forme de poudre amorphe, rouge-brunâtre est un produit beaucoup mieux défini que l'urochrome. Elle donne à l'urine une coloration qui varie du rouge ou rouge-jaunâtre au brun et se rencontre en abondance dans les états fébriles. On la rencontre aussi chez les individus sains. Cette matière colorante se distingue par diverses propriétés caractéristiques qui sont ses **propriétés spectroscopiques, ses modifications sous l'influence des alcalins, sa fluorescence.** Si on soumet à l'**examen spectroscopique** une urine fébrile fortement colorée, on constate une raie d'absorption caractéristique dans le vert bleu, entre les lignes de Frauenhofer *b* et F : parfois, ce résultat n'est obtenu qu'après dilution par l'eau. Même une urine très pâle qui, à l'état frais, ne présente pas traces de raies d'absorption, pourra présenter ces raies après avoir été exposée pendant quelque temps à l'air. **Le changement de coloration** se produit par addition d'ammoniaque. La nuance rouge ou rouge-jaunâtre devient claire sous cette influence, puis finalement, passe à la couleur verte.

La fluorescence ne se montre que dans des solutions assez pures d'urobiline, surtout en combinaison avec le chlorure de zinc ou d'autres sels de ce métal. D'après *Salkowsky*, on peut obtenir une pareille solution de la façon suivante : on secoue 100 cc. d'urine avec moitié autant d'éther, puis ce dernier est éloigné. Le résidu est soumis à l'évaporation et dissous dans un centimètre cube d'alcool absolu. La solution ainsi obtenue est d'une coloration rose-rouge et montre une fluorescence verte intense.

L'origine de l'urobiline peut être rapportée avec assez d'assurance à la matière colorante de la bile et du sang. L'**hydrobilirubine** que *Maly* a obtenue par la réduction de la bilirubine au moyen de l'amalgame de sodium et qui ne présente pas la réaction indiquée par *Gmelin* pour la matière colorante de la bile, possède les mêmes propriétés que l'urobiline. De plus, d'après les expériences de *Hoppe-*

Seyler, par l'action de l'acide stannique et de l'acide chlorhydrique sur l'hématine en solution alcoolique, on obtient une matière colorante que l'oxydation spontanée transforme en une substance parfaitement analogue à l'urobiline et à l'hydrobilirubine.

L'**urobilinurie**, c'est-à-dire la présence de grandes quantités d'urobiline dans l'urine se rencontre non seulement dans les états fébriles, mais encore à la suite **d'hémorragies** (apoplexie cérébrale, infarctus hémorragique du poumon, hématocèle rétro-utérine et grossesse extra-utérine [*Dick*], hémorragies traumatiques, etc.). Dans ces cas, l'urobiline se présente dans l'urine, quelques jours seulement après l'hémorragie, quand le sang épanché a subi les transformations voulues. Lorsque l'urobilinurie dure quelque temps, il se fait un dépôt de la matière colorante dans la peau qui prend une teinte sâle, brunâtre ; c'est là ce qu'on a appelé l'ictère urobilinique ; dans ce cas, l'urine ne donne pas la réaction de *Gmelin*.

3. **Indican** (**Uroxanthine,** *Heller*). On désigne sous ce nom, une substance liquide, épaisse, jaune, d'un goût amer qui, par sa décomposition sous l'influence des acides forts ou des ferments de la putréfaction, colore l'urine en bleu. L'indican de l'urine que l'on fait dériver de l'**indol** qui est formé dans le tube intestinal par la digestion des albuminoïdes sous l'action du suc pancréatique, à la différence de l'indican végétal, n'est pas un glucoside. A l'état normal, l'urine n'en contient que de très petites quantités (pour 1500 centimètres cubes d'urine humaine, 0.0045 à 0.0195 gr. ; l'urine du cheval en contient 23 fois autant, *Jaffé*).

Dans les conditions pathologiques, la quantité d'indican peut devenir considérable, notamment lorsque la perméabilité du canal intestinal est diminuée (ileus) et surtout, quand l'obstacle siège dans l'intestin grêle. L'augmentation de l'indican se montre en outre dans toute une série d'autres maladies, par exemple, le carcinome de l'estomac, la péritonite aiguë, le choléra, les maladies nerveuses et, comme *Grassic* l'a rapporté dernièrement, pendant les premiers jours après les fractures, les amputations et les résections (1).

(1) *Senator* a signalé l'augmentation de l'indican dans l'anémie pernicieuse. J'ai également constaté, plusieurs fois, une réaction très nette de l'indican chez des individus atteints d'anémie profonde, suite d'anchylostomasie. (*Note du traducteur.*)

Cependant, comme on rencontre aussi parfois dans l'urine d'individus parfaitement sains, une forte proportion d'indican, ce caractère ne peut recevoir de signification diagnostique ou pathogénétique déterminée.

— Dans des cas rares, la transformation de l'indican en indigo se fait dans les voies urinaires, de sorte que l'urine excrétée est bleue (indigurie). L'auteur a rencontré un cas de ce genre, chez un garçon de 13 ans atteint de péritonite, suite de perforation.

L'urine avait une teinte bleu foncé, était claire, acide et ressemblait à de l'urine ictérique ou à l'urine de l'hémoglobinurie : elle ne renfermait cependant, ni bile, ni sang. Soumise à la filtration, elle abandonnait à la face interne du filtre une couche épaisse d'un bleu violet : pareille chose ne se présente pas d'ordinaire avec les urines fortement chargées d'indican.

Pour constater la présence de l'indican, on utilise sa transformation en indigo sous l'influence des acides minéraux combinée à l'oxydation. Cette transformation s'opère déjà dans la réaction de *Heller*, au moyen de l'acide nitrique : au point de contact de l'acide et de l'urine, on voit une zône d'un bleu violet intense. **La réaction de Jaffé** modifiée par *Hammarsten* s'exécute de la façon suivante : on ajoute à 10 ou 15 centim. cubes d'urine, une égale quantité d'acide chlorhydrique concentré, puis 3 à 5 centimètres cubes de chloroforme et enfin, une goutte d'une solution saturée de chlorure de chaux et l'on mélange les liquides en les agitant doucement. Si l'indican n'est pas en proportion trop minime, le chloroforme prendra une légère teinte bleuâtre qui atteindra son maximum d'intensité par l'addition d'une à deux gouttes de la solution de chlorure de chaux. Au lieu du chlorure de chaux, on peut employer avec avantage, une solution à 1/2 % de permanganate de potasse qui jouit également d'un pouvoir énergique d'oxydation et que l'on se procure plus facilement. On l'ajoutera goutte à goutte, en secouant légèrement, aussi longtemps que la coloration du chloroforme continuera à gagner en intensité. Lorsque la couleur bleue prend un reflet verdâtre, c'est la preuve que l'on a ajouté trop de chlorure de chaux ou de permanganate de potasse. — Il ne faut pas secouer trop fortement le liquide. Le mieux est de retourner seulement quelques fois le tube à réaction : par une agitation violente, il pourrait se former une émulsion et le chloroforme ne se séparerait plus que difficilement du reste du liquide pour occuper le fond du tube.

Vogel a distribué les **différentes nuances de coloration** de l'urine normale et pathologique en trois groupes qui comprennent chacun trois sous-divisions :

1. **Urine jaune** à laquelle appartient la nuance jaune-pâle, la nuance jaune-clair et enfin le jaune proprement dit.

2. **Urine rouge** avec les nuances jaune-rouge, rouge-jaune et rouge; enfin,

3. **Urine brune** avec les sous-divisions brun-rouge, rouge-brun, brun-noir.

Ces neuf nuances constituent **l'échelle de couleurs de Vogel** à laquelle on peut rapporter la couleur de toute urine. Cependant, abstraction faite de l'urine devenue bleue par décomposition, la couleur ictérique jaune-verdâtre n'y est point représentée. Quoi qu'il en soit, l'échelle de Vogel constitue un repère utile pour la détermination et la désignation de la couleur de l'urine.

La couleur de l'urine est un signe assez important qui, au lit du malade, fournit pour le diagnostic des indications précieuses. Ainsi, une urine claire exclut presque avec certitude l'existence d'une maladie fébrile aiguë (à moins qu'il n'y ait complication de polyurie) tandis qu'une urine foncée se présente non seulement dans les états fébriles, mais encore, dans certaines affections de la rate et du foie, après des repas copieux, des exercices musculaires considérables, etc.

Les nuances rouges qui font soupçonner la présence de **sang** sont les plus importantes. La présence du sang se révèle ou bien, *a*) par une teinte rougeâtre plus ou moins prononcée, rappelant l'aspect de la lavure de chair : on arrive, avec un peu d'expérience, à la distinguer facilement de la teinte jaune-rougeâtre de l'urine fébrile ; ou bien, *b*) par une coloration sâle, gris-rougeâtre ou gris-brunâtre, ou bien encore, une couleur de fumée ou même de marc de café.

La coloration de l'urine varie suivant que l'hémorragie est ancienne ou récente. — **La coloration noire** est très rare et provient du pigment de tumeurs mélaniques (Mélanurie). — **La couleur verdâtre ou brun-verdâtre** tient à la matière colorante de la bile. Il faut distinguer la **coloration vert pâle**, analogue à celle du petit-lait qui se présente lorsqu'une urine pâle est troublée par des éléments corpusculaires (cellules rondes, etc.), par exemple, dans la cystite et dans la pyélite chronique. — **L'urine diabétique** est pâle, souvent d'un éclat brillant plus ou moins prononcé. — **Différents médicaments** appartenant surtout au règne végétal passent très facilement dans l'urine et lui communiquent une coloration particulière ; au point de vue pratique, il est important de signaler la teinte produite par la **rhubarbe** et le **sené** (acide chrysophanique) et par la **santonine.**

A l'état normal de réaction acide, l'urine est colorée par ces substances en jaune intense, jaune-verdâtre ou brun-verdâtre, ce qui pourrait donner lieu à une confusion avec la coloration produite par la matière colorante de la bile.

Lorsque l'urine est alcaline ou lorsqu'elle a été traitée par la potasse, elle devient rouge-orange ou brun-rougeâtre (1) tandis que la matière colorante provenant de la santonine détermine dans ces conditions, une teinte rouge-cerise ou rouge-pourpre. Cette teinte disparaît après 24 à 48 heures, tandis que la couleur rouge de la rhubarbe et du sené persiste. Une confusion entre ces matières colorantes et le sang est possible, surtout en été, où la fermentation alcaline de l'urine se produit rapidement : cette erreur est d'autant plus facile que les phosphates précipités par l'alcali sont également rouges. L'addition d'une petite quantité d'acide nitrique dissipera toute espèce de doute. En effet, la couleur rouge provenant de la rhubarbe, etc., disparaîtra sous l'influence d'acides minéraux pour se manifester de nouveau par la potasse tandis que de l'urine sanglante prendra plutôt une teinte plus foncée par l'acide nitrique. De plus, l'urine sanglante contient toujours de l'albumine. — La matière colorante du **bois de campêche** passe également dans l'urine. **Du café fort** donne à l'urine une teinte foncée (*Da Costa*) : il en est de même de la **térébenthine** qui, en outre, communique à l'urine une odeur de violettes. Par l'usage externe ou interne de l'**acide phénique**, **du goudron**, **de la kairine**, **des feuilles de raisin d'ours** et de leur principe actif l'**arbutine**, de l'**hydrochinon**, **de la naphthaline** l'urine devient vert-olive foncé ou vert-noirâtre. Par l'usage de la **fuchsine**, elle prend une coloration rouge.

(1) D'après *Penzoldt*, la réaction pour la rhubarbe et le sené est plus nette quand on la pratique de la façon suivante : on secoue l'urine dans un tube à réaction avec environ la moitié de son volume d'éther : celui-ci devenu jaune est décanté et sert à la réaction. La matière colorante de la santonine n'est point enlevée par l'éther.

TRANSPARENCE.

L'urine normale fraîche est claire, transparente. Après quelques heures, il se forme un léger nuage de mucus vésical (nubecula) qui, d'abord suspendu dans le liquide, finit peu à peu par en gagner le fond. Sous l'influence du froid, les urates se précipitent. Parfois aussi, à la suite d'un séjour prolongé, il y a un précipité de phosphates. L'urine pathologique est souvent trouble, opaque, notamment dans les maladies des voies urinaires.

ODEUR.

L'urine fraîche a une odeur particulière, aromatique qui n'est pas précisément désagréable : cette odeur est facilement modifiée par l'usage de substances médicamenteuses ou autres. Nous avons déjà signalé l'odeur de violettes produite par la **térébenthine**. L'usage du **baume de copahu**, **du cubèbe**, **du safran** détermine une odeur aromatique spéciale. Après l'ingestion d'**asperges,** l'urine prend une odeur très désagréable. **La valériane**, **l'ail**, **le castoreum** communiquent à l'urine leur odeur propre. Après l'usage de **viande** ou de **bouillon**, on constate une odeur aromatique de viande, variable suivant l'espèce.

Au point du vue pathologique, il faut surtout noter l'odeur forte, fétide, **urineuse** qui est déterminée par la fermentation ammoniacale. — L'odeur **d'hydrogène sulfuré** est parfois constatée (hydrothionurie). Elle se présente le plus souvent lorsqu'il y a du pus dans l'urine ou, lorsque l'on peut supposer une diffusion du canal intestinal (coprostase, péritonite avec perforation, etc.) Cette odeur a une signification pronostique fâcheuse : elle doit faire redouter une auto-intoxication. Une odeur fécale bien prononcée ne se présente que dans le cas de la présence de matières fécales dans l'urine (fistule vésico-intestinale, etc.) — **Pour constater la présence de l'acide sulfhydrique**, indépendamment de l'odeur d'œufs pourris qui se manifeste surtout à la chaleur, on peut se servir d'un papier imbibé d'une solution d'acétate de plomb avec un peu d'ammoniaque ou simplement d'une carte de visite contenant du plomb : on la suspend librement dans une bouteille à moitié remplie d'urine ; si elle devient noire, on a la preuve de la présence d'acide sulfhydrique.

SAVEUR.

La saveur de l'urine est un peu amère et saline. Dans le diabète, lorsqu'il y a de fortes quantités de sucre, elle peut être légèrement sucrée.

POIDS SPÉCIFIQUE ET QUANTITÉ DES SUBSTANCES SOLIDES.

Le poids spécifique dépend d'une part, de la proportion d'eau, d'autre part, de la quantité des substances solides qui y sont contenues. Quand la proportion d'eau augmente, généralement la densité diminue, et inversément, celle-ci augmente quand la quantité d'eau diminue. Le poids spécifique élevé d'une urine peu abondante et le poids spécifique faible d'une urine copieuse, constituent souvent un signe important au point de vue pathologique.

Le poids spécifique que l'on constate le plus simplement au moyen d'un aréomètre bien exact, comporte chez l'individu adulte bien portant, en moyenne 1,015 à 1,020 : il est d'ailleurs soumis à des variations assez étendues (de 1,002 après l'ingestion de fortes quantités d'eau jusque 1,040 à la suite de transpirations abondantes et d'exercices musculaires très actifs). L'urine du matin (*urina sanguinis*) est toujours plus concentrée que l'urine de la journée (*urina potus*), ce qui dépend vraisemblablement d'une résorption d'eau dans la vessie.

A **l'état pathologique**, les variations de la densité sont encore plus considérables. La densité est **forte** (urine rare) dans les maladies fébriles aiguës, les vices valvulaires du cœur, etc. Dans le diabète sucré, le poids spécifique élevé combiné à la sécrétion abondante d'une urine pâle est très remarquable et présente une valeur diagnostique sérieuse. La densité est **faible** dans beaucoup de maladies constitutionnelles afébriles qui sont liées ou bien, à une diminution des processus de nutrition, c'est-à-dire à une diminution de l'urée excrétée, par exemple, la chlorose, ou bien, à une excrétion urinaire abondante, par exemple l'hystérie (*urina spastica*), le rein contracté et le diabète insipide.

La proportion de matières solides dans une quantité d'urine donnée peut être déterminée approximativement d'après le poids spécifique : à cet effet, on multiplie les deux derniers chiffres du nombre indiqué à l'aréomètre par le coefficient de *Trapp* ou de *Häser*, c'est-à-dire 2 ou 2.33. Le produit donne en grammes la quantité de matières solides pour 1000 cc. d'urine. Exemple : pour un poids spécifique de 1015, la proportion des substances solides dans 1000 cc. d'urine s'élève à 30 (15 × 2) ou 34.95 grammes (15 × 2.33). Si la quantité d'urine émise pendant 24 heures, est de 1500 cc., la proportion des substances solides sera dans le même temps, 45 ou 52.42 grammes. Il va sans dire que pour appliquer ce calcul, il faut que l'urine ne contienne ni sucre, ni albumine.

CONSISTANCE.

L'urine normale est un liquide assez mobile, d'une consistance à peu près semblable à celle de l'eau, donnant par l'agitation, de grosses bulles qui disparaissent rapidement. L'écume est ordinairement blanche ; elle est jaune pour des urines ictériques et des urines contenant de la santonine. Dans des urines albumineuses, l'écume se maintient assez longtemps. La présence de pus dans une urine alcaline détermine une consistance épaisse, allant parfois à la consistance de gelée. L'urine chyleuse (chez les habitants des tropiques) présente aussi parfois un aspect gélatineux.

RÉACTION.

L'urine normale colore en rouge le papier bleu de tournesol. La réaction acide est déterminée, non par des acides libres, mais principalement par des sels acides, surtout par le phosphate de soude acide. Parfois, on constate la réaction dite **amphigène** ou **amphotère**, c'est-à-dire qu'en même temps le papier bleu devient rouge et le papier rouge devient bleu. Il ne faut pas confondre avec cette réaction amphotère, la différence de réaction que l'on observe parfois dans les diverses couches d'une urine ammoniacale où les couches profondes ont une réaction alcaline et les couches superficielles une réaction acide. On peut constater ce phénomène d'une façon très nette dans les urines contenant de la santonine et subissant la fermentation ammoniacale : on voit les couches profondes devenir rouges tandis que les couches superficielles, restées acides, présentent encore une coloration jaune-verdâtre.

Par le séjour à l'air, la réaction acide se modifie. Si l'urine est conservée dans un endroit frais, renfermée dans un vase bien propre et bien clos, pendant les premiers temps après son émission (plusieurs jours), sa réaction acide devient de plus en plus marquée. Il se forme des précipités d'urate de soude amorphe ainsi que des cristaux d'acide urique et d'oxalate de chaux. On trouve en même temps de nombreuses cellules de ferments. D'après *Brücke,* l'augmentation des acides dépend de la formation d'acide lactique par fermentation du sucre de raisin qui se trouve normalement dans l'urine. De là, le nom de **fermentation acide**.

D'après des recherches récentes, il n'y aurait pas de fermentation acide proprement dite. Voici ce qui se passerait : le phosphate acide de soude agissant sur les urates, il se formerait du phosphate de soude neutre en même temps que des urates acides et de l'acide urique : ces derniers, en raison de leur faible solubilité se séparent en granulations amorphes ou sous forme cristalline.

Lorsque l'urine séjourne plus longtemps à l'extérieur, après la période de fermentation acide, la réaction devient alcaline : chaque molécule d'urée absorbe deux molécules d'eau et se transforme en carbonate d'ammoniaque.

Pendant la saison chaude et aussi lorsque l'urine contient du mucus ou du pus, cette transformation s'accomplit assez rapidement. Alors, l'urine prend une odeur pénétrante, urineuse (ammoniacale); sa couleur devient plus claire, les urates se dissolvent et à leur place, se précipitent le phosphate ammoniaco-magnésien et l'urate ammonique : en d'autres termes, nous avons devant nous la **fermentation alcaline**. Cette fermentation est vraisemblablement déterminée par les bactéries qui se trouvent dans l'air ou qui sont introduites dans la vessie par des cathéters malpropres : en examinant au microscope, une urine prise de fermentation alcaline, on y constate une énorme multitude de bactéries. Cependant, d'après *Musculus*, le mucus vésical jouerait également un rôle dans la fermentation.

Pour conserver l'urine, on a recommandé divers antiseptiques, notamment l'acide salicylique, l'acide phénique; mais, aucun de ces moyens n'est à conseiller parce que leur emploi peut rendre plus difficiles les analyses ultérieures. Selon *Salkowsky*, l'addition d'acides minéraux, en particulier d'acide chlorhydrique, jusqu'à forte réaction acide constitue le meilleur moyen. Lorsqu'il s'agit d'un temps relativement court, il suffit de déposer l'urine dans un endroit frais et en été, de la plonger dans de l'eau qu'on renouvelle fréquemment.

Le degré d'acidité de l'urine est très variable, même à l'état normal, mais surtout à l'état pathologique. Il dépend à un haut degré de la **digestion** et de la nature de l'**alimentation.**

L'urine **acide** se présente :

1. A l'état de jeûne, 2. dans les cas de diète animale, 3. par l'usage des acides minéraux et de certains acides végétaux, ainsi, l'acide phosphorique et l'acide benzoïque, 4. par le fait de la présence d'acides organiques libres, par exemple l'acide lactique. — D'après *B. Jones*, il existe une maladie qui se caractérise par la présence d'une excessive quantité d'acide libre dans l'urine et qui, suivant sa manière de voir, doit être rangée à côté du diabète sucré. (Les hydro

carbures ne seraient pas complètement oxydés et ne serviraient qu'à la production de « vegetable acid ».)

L'urine faiblement acide ou même alcaline se présente dans les conditions suivantes :

1. Après des repas copieux, surtout dans l'alimentation végétale. La diminution de l'acide pendant la digestion est sans doute liée à la diminution du contenu acide du sang ensuite de la forte consommation par le suc gastrique. — Abstraction faite des repas, l'acidité de l'urine montre encore des variations dans le courant de la journée. Selon *Quincke* auquel nous devons des recherches intéressantes et exactes sur ce sujet, l'acidité présente son degré minimum dans la matinée ; pendant les heures de la matinée, il n'est pas du tout rare que l'urine soit alcaline et troublée par du phosphate de chaux. Probablement, dans d'autres organes encore et pas seulement dans le tube digestif, il se fait à certains moment des accumulations d'acide ou d'alcali. *Quincke* a constaté que les individus nerveux, excitables sont particulièrement disposés à avoir des urines alcalines (voir le chapitre de la phosphaturie).

2. Après l'usage de fortes quantités de sels organiques ou de carbonates alcalins, par exemple dans les cures d'eaux minérales.

3. A la suite de la **résorption de transsudats alcalins.** Ainsi, *Quincke* a vu la réaction alcaline se présenter pendant la résorption d'œdème ou d'ascite dans le cours de la néphrite, des affections cardiaques, etc. Inversément, suivant le même auteur, l'urine reste acide pendant la formation des transsudats séreux.

4. Dans beaucoup de **maladies chroniques,** surtout lorsqu'il y a ralentissement de la nutrition comme dans la chlorose, les troubles digestifs.

Dans la dilatation de l'estomac, l'urine est souvent alcaline probablement en conséquence des vomissements copieux et fortement acides qui se produisent. On trouve une analogie dans les expériences de *Quincke*, qui, chez des chiens, a vu l'urine devenir alcaline à la suite du lavage de l'estomac et de l'évacuation du suc gastrique.

5. Par la présence de grandes quantités de sang ou de pus.

6. Par la décomposition de l'urée accomplie déjà dans les voies urinaires, par exemple en cas de cystite.

Dans les cinq premiers cas, la réaction alcaline est due à l'alcali fixe : dans le dernier, au contraire, elle est produite par l'alcali volatil (ammoniaque). Tandis que l'alcalinité, déterminée par les alcalis fixes, est jusqu'à un certain point physiologique, celle qui provient de l'alcali volatil doit toujours être considérée comme pathologique. Ces deux sortes d'urines alcalines doivent être soigneusement distinguées : déjà leur aspect est bien différent : la première est de coloration normale, souvent claire et inodore ; l'autre, au contraire, est pâle, d'une teinte sâle, trouble et exhalant une odeur urineuse, fétide. Dans l'une et l'autre, on peut rencontrer des sédiments ; dans la première sorte d'urine, ils consistent en phosphate de chaux, carbonate de chaux, phosphate de magnésie qui sont tous sous forme cristalline, mais qui peuvent aussi se présenter à l'état amorphe ; dans l'autre urine, le dépôt est constitué de cristaux de phosphate ammoniaco-magnésien, d'urate ammonique et de granulations amorphes de carbonate et de phosphate de chaux et de magnésie. La constatation directe de l'ammoniaque sera le signe certain. Cette constatation peut se faire de différentes façons : *a*) une bouteille est remplie à moitié ou aux deux tiers d'urine : on y introduit une bande de papier de tournesol, mouillée à l'eau distillée, et on la fixe au bouchon de façon qu'elle soit suspendue librement et qu'elle ne touche pas à l'urine : s'il y a de l'ammoniaque, le papier se colorera en bleu après un temps plus ou moins long. *b*) Du papier de tournesol devenu rouge au contact du liquide, reprend sa couleur bleue en se desséchant. *c*) Il se forme des vapeurs blanches de chlorhydrate d'ammoniaque quand on tient immédiatement au-dessus de l'urine, une baguette de verre mouillée d'acide chlorhydrique.

Fig. 1.

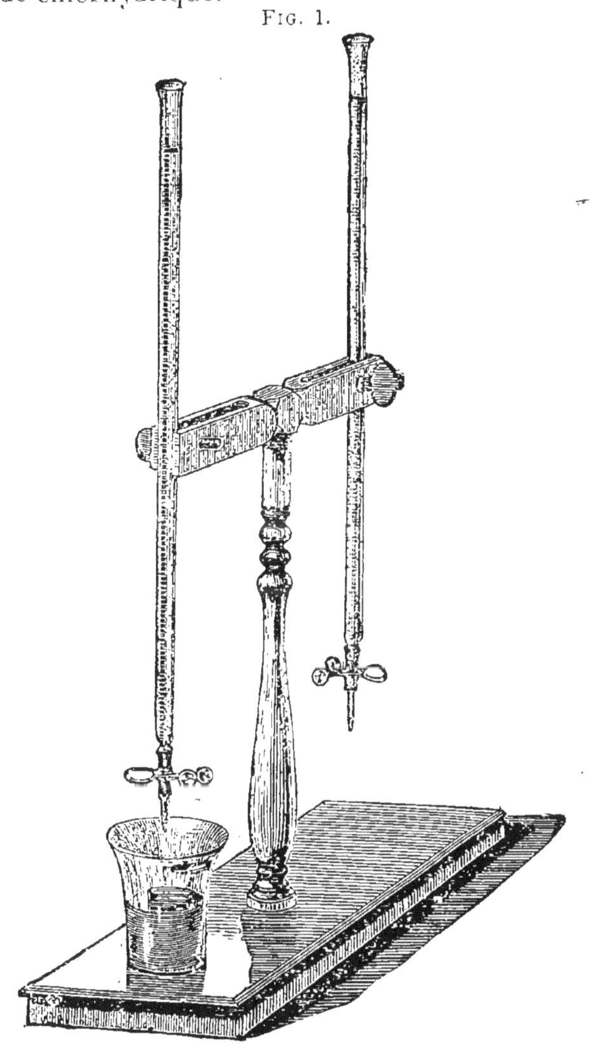

Pour déterminer le degré d'acidité, il faut *a)* une solution titrée de soude, *b)* une burette (fig. 1) et *c)* un papier de tournesol rouge-violet, sensible. La concentration de la soude est généralement telle que sur un cent. cube, il y a 0.004 de soude : on l'obtient en diluant avec de l'eau la lessive normale de soude de façon à rendre son volume dix fois plus grand. On remplit la burette avec cette solution et dans un vase de verre, on verse une quantité connue d'urine (50 ou 100 cc.). Alors, on laisse s'écouler goutte à goutte dans l'urine la solution de soude, en agitant constamment et après l'addition de chaque demi centimètre cube de cette solution, on recherche la réaction ; on s'arrête dès que le papier de tournesol bleuit légèrement. Le degré d'acidité est calculé d'après la quantité de soude employée et on ramène à la quantité correspondante d'acide oxalique. Un centimètre cube de la solution de soude correspond à 0.0063 d'acide oxalique. Par exemple, a-t-on employé pour neutraliser 100 cc. d'urine, 10 cc. de la solution de soude, l'acidité de l'urine pour ces 100 cc. équivaut à 0.063 d'acide oxalique.

Température. La chaleur propre de l'urine se comporte comme celle des autres sécrétions : elle est celle du corps lui-même.

Une élévation de température sous forme d'impression subjective ressentie par le malade, aurait, d'après *Betz*, une certaine signification pour le diagnostic d'états inflammatoires dans le petit bassin ou autour de la vessie.

II

ÉLÉMENTS NORMAUX DE L'URINE.

A. ÉLÉMENTS ORGANIQUES.

URÉE.

L'urée ($CO \genfrac{}{}{0pt}{}{NH^2}{NH^2}$) est le produit le plus important de la décomposition des substances albuminoïdes et le dernier terme de la métamorphose régressive de ces substances. La quantité d'urée excrétée en 24 heures s'élève chez les individus du sexe masculin à 30-40 grammes; chez la femme, elle est un peu moindre; chez l'enfant, au contraire, en raison de l'activité de la nutrition, elle est relativement plus considérable. — La quantité d'urée excrétée dépend en première ligne de la richesse de l'alimentation en matières albuminoïdes : elle augmente par l'apport de fortes quantités d'albumine; elle diminue dans le cas contraire. Lorsque la nourriture suffit justement à couvrir les dépenses journalières, la proportion d'azote éliminé sous forme d'urée représente assez exactement la quantité de matières albuminoïdes contenues dans les aliments et digérées.

Dans les conditions pathologiques, la proportion d'urée varie énormément.

La quantité d'urée augmente :

a) Dans les maladies fébriles aiguës bien que l'alimentation soit fortement réduite; ainsi, dans la pneumonie croupale, l'excrétion de l'urée est quelquefois augmentée du triple, sans que l'on puisse d'ailleurs constater un rapport entre cette augmentation et le degré de la fièvre. Peu de temps avant le moment de la crise, l'excrétion de l'urée diminue ordinairement : aussitôt après, elle se relève et atteint un niveau très élevé. C'est là ce qu'on appelle l'excrétion d'urée postépicritique (cette excrétion d'urée postépicritique dépend peut-être de ce que les fonctions rénales troublées par la fièvre, se rétablissent dès que la température tombe).

b) Dans le diabète sucré où la quantité d'urée excrétée en 24 heures peut dépasser 100 grammes : ce fait s'explique en partie par la richesse de la nourriture en matières albuminoïdes.

La quantité d'urée diminue :

a) Dans toutes les maladies chroniques où la nutrition est en souffrance, notamment dans les états hydropiques où une partie de l'urée est retenue par les épanchements séreux (1);

b) Dans l'urémie ;

c) Dans l'atrophie jaune aiguë. Cependant ici, la diminution n'est point constante.

ANALYSE QUALITATIVE.

1. **Dans l'urine** — On évapore au bain-marie jusqu'à consistance sirupeuse 50 à 100 cc. d'urine ; on la refroidit ensuite à 0° et on la traite par de l'acide nitrique fort, non fumant, en excès : il se forme ainsi un précipité de nitrate d'urée. On éloigne toute les matières colorantes en dissolvant le précipité dans l'eau bouillante et en filtrant sur du noir animal. Par le refroidissement, le nitrate d'urée se sépare de la solution sous forme de petites lamelles rhomboïdales incolores (voir fig. 2, à gauche). Dans des urines concentrées, par l'addition d'acide nitrique (voir la réaction de l'albumine de Heller), surtout quand le vase est plongé dans l'eau froide, il se forme une couche cristalline à la surface de contact entre

(1) *M. le professeur Rommelaere* attache une grande valeur à la diminution de l'urée, à l'*hypo-azoturie*, comme il l'appelle, pour le diagnostic des tumeurs malignes. « L'hypo-azoturie ne se rencontre pas dans les tumeurs bénignes. Dans les tumeurs de mauvaise nature, quel que soit leur siège, quelle que soit leur nature morphologique, le chiffre de l'urée urinaire descend graduellement et finit par rester inférieur à 12 grammes pour les 24 heures. » (*Note du traducteur.*)

l'urine et l'acide nitrique. On peut se servir de cette réaction, quand on désire savoir seulement d'une façon approximative s'il y a une augmentation relative de la proportion de l'urée.

2. **Dans d'autres liquides organiques** (1). — La constatation d'urée dans des liquides obtenus par ponction a une grande importance, par exemple, quand il s'agit de poser le diagnostic différentiel entre un kyste de l'ovaire et une hydronéphrose. On procède de la façon suivante. Le liquide qui généralement contient de l'al-

Fig. 2.

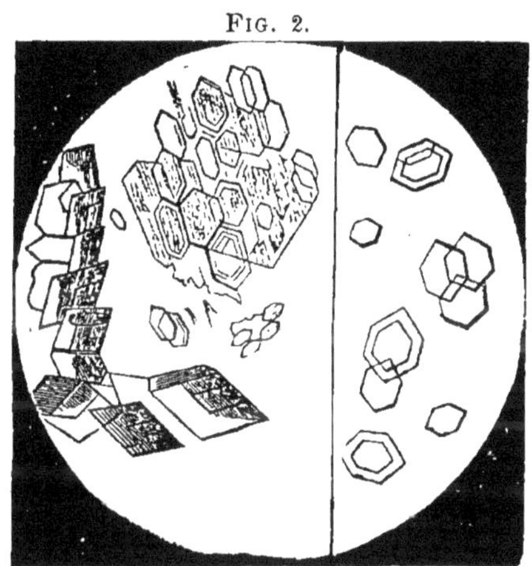

Nitrate d'urée. Cystine.

bumine et est mélangé de sang ou de pus, est traité avec trois à quatre fois son volume d'alcool; après quelques heures de repos, il est filtré et le filtrat est évaporé au bain-marie; on dissout le résidu dans quelques gouttes d'eau et on y ajoute de l'acide nitrique : s'il y a de l'urée,

(1) A vrai dire, ce point n'appartient pas à notre sujet. Si nous le signalons néanmoins, c'est en raison de sa grande importance pratique.

on constatera la présence des cristaux caractéristiques de nitrate d'urée.

Par voie micro-chimique, on peut, quand on dispose de solutions concentrées, reconnaître la présence de l'urée de la façon suivante : au milieu d'une goutte déposée sur un porte-objet, on place un fil mince. Par l'addition d'acide nitrique sous le couvre-objet, on verra les cristaux caractéristiques de nitrate d'urée s'attacher aux deux côtés du fil (fig. 2).

ANALYSE QUANTITATIVE.

Il y a toute une série de méthodes pour faire l'analyse quantitative de l'urée. Les unes reposent sur la précipitation de l'urée au moyen de solutions titrées ; les autres, sur la décomposition de l'urée et sur la détermination d'un des produits de cette décomposition, par exemple, l'azote. Au premier groupe, appartient la méthode de *Liebig;* au second, la méthode de *Knop-Hüffner* et la méthode d'*Esbach.* Nous parlerons d'abord du procédé de Liebig; puis, nous exposerons celui d'Esbach, qui, pour le praticien, offre certains avantages. Dans les deux procédés, l'urine doit être privée d'albumine.

Méthode de Liebig.

Principe. — Si, à une solution d'urée d'environ 2 pour 100, on ajoute une solution diluée de nitrate de mercure, il se produit un précipité blanc, abondant, insoluble dans l'eau, répondant à la formule suivante :

$$2\ CO\ N_2\ H_4 \times (NO_3)_2\ Hg \times 3\ HgO.$$

Dans cette réaction, l'acide nitrique devient libre et exerce alors une action dissolvante sur le précipité : il faut donc la neutraliser, d'après *Pflüger*, par le carbonate de soude.

Dès que toute l'urée est précipitée et que la solution de mercure est en excès, le liquide se colore en jaune, par l'addition de soude. C'est là le terme de la réaction.

Le précipité formé contient de l'urée et de l'oxyde de mercure dans la proportion de 120 : 864 ou 10 : 72.

Une solution qui contient 72 grammes d'oxyde de mercure dissous dans l'acide nitrique à un degré de dilution convenable, précipite donc exactement 10 gr. d'urée. Si on dilue une pareille solution de façon à obtenir un litre, chaque centimètre cube de cette solution précipitera un centigramme d'urée. — Pour que la réaction finale puisse se manifester, il faut pourtant un certain excès de mercure : en raison de cette circonstance, la quantité d'oxyde de mercure, par litre, doit être de 77,2 grammes.

Mode d'exécution. — Au moyen d'une pipette graduée, on mesure 40 c. c. d'urine et pour écarter les phosphates qui sont également précipités par le mercure, on y ajoute 20 c. c. du mélange de baryte (un volume d'une solution concentrée à froid de nitrate de baryte et deux volumes d'une solution concentrée à froid également d'hydrate de baryte). Le mélange d'urine est passé à travers un filtre sec : on verse dans un vase de verre 15 c. c. du filtrat (correspondant à 10 c. c. d'urine). Dans ce vase, on laisse s'écouler d'une burette la solution mercurielle indiquée tout à l'heure, d'abord rapidement, plus tard goutte à goutte, en agitant constamment, aussi longtemps qu'il se forme un précipité. Alors, on dépose une goutte du mélange dans un verre de montre placé sur un fond noir et au moyen d'une baguette de verre, on y ajoute une goutte d'une solution concentrée de carbonate de soude qu'on laisse couler le long de la paroi du verre de montre. Si après une demi-minute, on ne voit pas se produire la réaction finale sous l'aspect d'une bande faiblement jaunâtre au contact des deux liquides, on reverse le mélange du verre de montre dans le vase de verre et on laisse s'écouler encore, avec précaution, un demi c. c. de la solution mercurielle; on fait un nouvel essai avec le carbonate de soude et on continue de la sorte jusqu'au moment précis où se montre la bande jaune. De cette façon, suivant *Pflüger*, la plus grande partie de l'acide libre dans le verre est neutralisée par la solution de soude : on mélange ensuite de nouveau dans un verre de montre, une goutte du contenu du vase de verre et une goutte de la solution de soude jusqu'à ce que la bande jaune se montre encore. Maintenant toute l'urée est précipitée et le dosage est terminé. Il reste à lire la quantité de liqueur titrée employée, et comme chaque centimètre cube de cette liqueur correspond à un centigramme d'urée, on obtient par une simple multiplication la quantité d'urée dans les 10 c. c. d'urine utilisés. (Le nombre de centimètres cubes de solution mercurielle employés expriment directement le nombre de grammes d'urée pour 1000 c. c. d'urine. Supposons, que pour obtenir la réaction finale, on ait eu besoin de 20 c. c. de liqueur titrée, il s'ensuit que la quantité d'urée = 20 gr. pour 1000, ou = 2 pour 100).

Les chiffres obtenus ont cependant besoin de certaines **corrections**, en raison des circonstances suivantes :

1. A cause du contenu de l'urine en chlorures. En effet, en présence du chlorure de sodium, le nitrate de mercure se transforme en nitrate de soude et en sublimé.

La combinaison de l'urée avec le nitrate de mercure ne peut donc se produire avant que tout le sel marin ait été transformé. — Lorsque la proportion des chlorures est normale, c'est-à-dire d'environ 1,5 pour 100, il suffit de déduire 2 c. c. de la quantité de liqueur titrée qui a été employée.

2. Quand le mélange d'urine et de baryte contient plus ou moins de 2 pour 100 d'urée, proportion pour laquelle le titrage de la solution a été fait. a) Si le mélange renferme plus de 2 pour 100, c'est-à-dire si la réaction finale ne se produit pas alors que le volume de la liqueur titrée est devenu deux fois aussi grand que celui du mélange d'urine et de baryte, on ajoutera au contenu du vase de verre, deux centimètres cubes d'eau pour chaque centimètre cube de solution titrée qui sera encore employé. b) Si le mélange renferme moins de 2 pour 100, c'est-à-dire si la réaction finale se montre avant qu'on ait employé un double volume de la liqueur titrée, il faudra déduire 0,1 c. c. pour chaque 5 c. c. qu'on aura employé de moins que 30 c. c.

Observations 1. — La densité de l'urine peut, jusqu'à un certain point, servir de mesure pour la quantité de solution mercurielle à employer en une fois. Abstraction faite des urines albumineuses, sucrées et fébriles, pour une densité de 1020, on peut, avant qu'il soit nécessaire de faire un essai du liquide, verser en mélangeant constamment 18 à 20 c. c. de solution mercurielle. Pour des urines fébriles, on peut employer de plus fortes quantités parce que, en suite de la faible proportion de chlorures, l'élévation de leur densité est produite presque exclusivement par l'urée.

2. Pour les besoins de la clinique, la neutralisation par le carbonate de soude n'est point nécessaire (*Salkowsky*).

Méthode d'Esbach.

Comme le procédé de *Knop-Hüfner*, la méthode

d'*Esbach* repose sur ce fait que, sous l'influence d'une solution aqueuse d'hypobromite de soude, contenant de la lessive de soude en excès, l'urée est décomposée en acide carbonique, eau et azote, d'après la formule suivante :

$$CO\begin{matrix}NH^2\\NH_2\end{matrix} + 3Br\,Na\,O = CO_2 + N_2 + 2H_2O \cdot \times\ 3Br\,Na$$

L'acide carbonique est absorbé par l'excès de soude : l'azote peut être recueilli et mesuré. D'après le volume du gaz, en tenant compte de la pression atmosphérique, de la température et de la tension de la vapeur d'eau au moment de l'analyse, on peut déterminer la quantité d'urée contenue dans l'urine analysée.

FIG. 3.

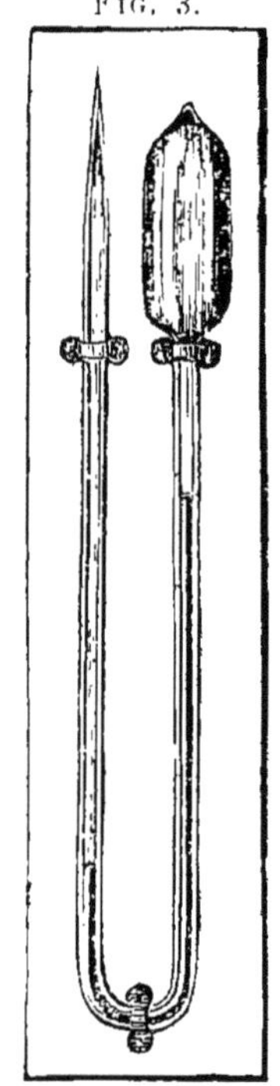

Baroscope d'*Esbach*.

Pour exécuter cette méthode, les appareils suivants sont nécessaires :

1. **L'uréomètre**, un tube de 40 centim. de long, ayant environ l'épaisseur du doigt indicateur, fermé à une de ses extrémités et muni d'une graduation en dixièmes de centimètre cube. Ce tube sert au développement du gaz et à la détermination de son volume. Outre l'uréomètre, il faut encore un bassin de zinc rempli d'eau.

2. Le **baroscope**, qui sert à mesurer en même temps la pression atmosphérique et la tension de la vapeur d'eau à la température ambiante. Il consiste, comme un baromètre, en un tube en U, pourvu d'une graduation. Une des branches a son extrémité fermée et ren-

flée sous forme d'un réservoir ovale; l'autre se termine en pointe et reste ouverte. Dans le réservoir, séparée de l'extérieur par du mercure qui remplit les deux branches du tube, se trouve une certaine quantité de gaz chimiquement indifférent : grâce à la présence d'une goutte d'eau qui flotte à la surface de la colonne de mercure, le gaz se trouve dans les mêmes conditions qu'un gaz enfermé au-dessus de l'eau. Les indications du baroscope sont donc la résultante des trois facteurs qui interviennent ici, à savoir : la pression atmosphérique, la température et la tension de la vapeur d'eau à cette température. — Le volume de gaz constaté à l'uréomètre peut donc être corrigé au moyen du baroscope, et il ne reste plus qu'à déterminer la quantité d'urée correspondante. Ce calcul a été fait par *Esbach*, dans ses tables baroscopiques. Celles-ci sont disposées à la manière d'une table de multiplication : un des indicateurs exprime la quantité de gaz, l'autre exprime, en millimètres, l'état du baroscope (1).

L'application du procédé d'Esbach se fait de la manière suivante : au moyen d'une pipette graduée, on introduit dans l'uréomètre 7 à 8 centimètres cubes du réactif (2); puis, on ajoute avec précaution, pour éviter tout mélange avec le réactif, une égale quantité d'eau : de la sorte, le niveau des deux liquides réunis arrive

(1) On peut se procurer les appareils dont il s'agit ici, ainsi que les tables baroscopiques chez BREWER FRÈRES, 13, rue Saint-André-des-Arts, à Paris. Le prix s'élève à peu près à 25 francs.

(2) Ce réactif est préparé avec 2 c. c. de brome : 40 c. c. d'une lessive de soude à 36 %, et 80 c. c. d'eau ($2NaHO + Br_2 = BrNa + NaBrO + H_2O$) A la longue, l'hypobromite de soude s'oxyde et se transforme en bromate : le liquide est alors hors d'usage : il peut cependant se conserver pendant plusieurs jours.

environ au chiffre 140 de l'échelle graduée. On lit et on note le chiffre exact auquel arrive la colonne liquide; supposons que ce soit 141; il faudra y ajouter 10 divisions pour le centimètre cube d'urine soumis à l'analyse (1 c. c. correspond à 10 divisions de l'uréomètre); on aura par conséquent 151. Ensuite, on mesure avec une pipette graduée 1 c. c. d'urine exempte d'albumine et on le verse dans le tube : avec le pouce, muni d'un doigtier en caoutchouc, on ferme aussi rapidement que possible, l'ouverture du tube. Comme la partie supérieure du tube est occupée presque exclusivement par de l'eau pure, on a le temps d'accomplir cette occlusion avant que la réaction s'établisse.

Le tube fermé est renversé une couple de fois; puis, on le secoue énergiquement : bientôt la réaction commence avec un grand développement de gaz. Le doigt constate l'augmentation de la pression et il doit être appliqué solidement, pour qu'aucune partie de gaz ne s'échappe; on meut alors le tube à la manière d'un fléau, de haut en bas et vice-versâ, en maintenant l'extrémité inférieure fermée par le pouce, contre la poitrine, et en saisissant la partie supérieure avec la paume de l'autre main. Par ces manœuvres, on arrive, après une minute environ, à faire disparaître l'écume formée et à réunir tout le gaz au-dessus du liquide. Dès que cette réunion du gaz est opérée, on plonge la main et le tube dans le bassin de zinc rempli d'eau et on retire le pouce; le gaz comprimé se dilate et expulse du tube une certaine portion du liquide; maintenant, le tube est tenu de telle sorte que le niveau intérieur du liquide corresponde le plus exactement possible au niveau de l'eau dans le bassin; cela fait, on ferme de nouveau, avec le doigt, l'ouverture du tube ; celui-ci est retiré de l'eau et retourné : on lit alors la hauteur du liquide restant. La différence entre la quantité primitive du liquide et la quantité constatée après la réaction, donne directement la mesure du volume de gaz formé. Ce volume est corrigé à l'aide du baroscope et des tables et ramené à la quantité correspondante d'urée. Exemple :

Hauteur du liquide avant réaction = 141 + 1 c. c. d'urine = 151
— — après réaction = 61

Différence. 90

Supposons que le baroscope indique 710 : avec ces deux chiffres, on consulte les tables et on trouve 24,7 ; cela veut dire que l'urine analysée renferme par litre 24,7 grammes par litre (1).

Cette analyse ne réclame que peu de temps, — environ cinq minutes — et est facile à exécuter : dans notre pays, *Graff*, en opérant avec des solutions d'urée à 1 °/₀, a reconnu son exactitude : les écarts qu'il a trouvés sont peu considérables (0.01 à 0.02 °/₀).

A l'institut physiologique de cette ville, *Natvig* et *Otto* ont comparé la méthode d'Esbach et celle de Liebig, et

(1) Quand on n'a pas le baroscope à sa disposition et qu'on veut se contenter d'une évaluation assez approximative, on divise simplement le volume de gaz résultant de la décomposition de l'urine par le nombre 35 (35 divisions de l'uréomètre ou 3,5 cc.) Ce nombre représente le volume de gaz produit par la décomposition d'un centigr. d'urée à 0° et sous 760 millim. de pression. La division indiquée donne en centigr. la quantité d'urée contenue dans un centimètre cube d'urine ; en multipliant par 10, on aura cette quantité en grammes et par litre.

Pour obtenir un résultat plus exact, on fera un dosage préalable avec une solution d'urée à 1 °/₀. Ce dosage renseignera le volume de gaz correspondant à 1 centigr. d'urée pour la température et la pression existant au moment de l'analyse. (*Note du traducteur*) ils ont constaté qu'en moyenne, la première donnait 0.1 % d'urée en trop peu.

On a objecté à la méthode d'Esbach que l'azote ne provient pas seulement de l'urée, mais qu'il peut dériver des autres éléments azotés de l'urine, notamment l'acide urique et la créatinine. D'après Esbach, cette objection est sans fondement ; en effet, en l'absence de l'action de la chaleur, la décomposition de ces dernières substances s'effectue très lentement tandis que l'action sur l'urée a lieu presque immédiatement.

Les recherches d'*Otto* démontrent aussi le peu de valeur de cette objection.

Évaluation approximative de l'urée au moyen du poids spécifique. — Une urine exempte d'albumine et de sucre, contenant une proportion normale de chlorures, d'un poids spécifique de 1020 à 1024, renferme la quantité normale d'urée, soit 2 à 2,5 %. Si le poids spécifique est de 1014, la proportion d'urée sera d'environ 1 % ; elle sera d'environ 3 % pour une densité, de 1028 à 1030. Si, comme cela se présente dans la fièvre, les chlorures sont diminués, la teneur en urée, même pour une urine d'une densité normale, sera proportionnellement plus considérable parce que dans ces conditions, ainsi que nous l'avons déjà fait observer, l'élévation du poids spécifique dépend en très majeure partie de l'augmentation de l'urée.

ACIDE URIQUE.

Chez l'homme, l'acide urique est **après l'urée** le produit le plus important de la métamorphose régressive des substances albuminoïdes. Chez les oiseaux, les poissons, l'élimination des produits azotés se fait **principalement** sous la forme d'acide urique.

La quantité éliminée en 24 heures est de 0.4 à 08 ; à l'état normal, elle varie dans des conditions qui sont les mêmes que pour l'urée, de sorte que le rapport de l'acide urique, vis-à-vis de l'urée, est à peu près 1 : 45.

L'acide urique augmente :

1. Sous l'influence d'une **alimentation copieuse,** surtout de nature animale, combinée au manque de mouvements.

2. Dans les **maladies fébriles** où se produit une usure active des éléments azotés des tissus.

3. Dans la **leucémie** avec tumeur splénique ; ici, la quantité journalière peut dépasser 4 grammes ; en outre, dans l'anémie pernicieuse.

4. Dans cet état que l'on appelle la **diathèse urique.** Ici, il arrive que l'acide urique se sépare déjà dans les voies urinaires et que, pendant la miction, il se montre à l'orifice de l'urèthre sous forme de grains rouges. A l'état sain, l'acide urique, ne se sépare jamais avant l'évacuation de l'urine au dehors.

5. Dans les maladies des poumons et du cœur qui s'accompagnent de **gène respiratoire :** de même, dans tous les cas où le diaphragme est entravé dans ses fonctions, par exemple, à cause d'une tumeur volumineuse de l'abdomen ou par l'ascite ; en outre, dans les maladies du foie. Dans tous ces cas, l'augmentation de l'acide urique doit encore être vérifiée d'une façon bien exacte.

La quantité d'acide urique diminue :

1. Dans les **maladies chroniques,** avec ralentissement de l'activité des fonctions du foie (cette condition se présenterait surtout dans le mal de Bright ; mais, d'autres facteurs interviennent également).

2. Dans l'**arthrite** à la période d'acuité ; lorsque cette période est passée, il y a de nouveau augmentation de la quantité d'acide urique.

L'acide urique est très difficilement soluble dans l'eau (1 partie dans 18,000 parties à froid ; dans 15,000 parties à chaud). De là vient que dans l'urine normale, l'acide urique ne se présente jamais à l'état de liberté, mais qu'il est toujours combiné à des bases, principalement la potasse et la soude, sous forme de sels, d'**urates** qui sont plus solubles. Lorsque la quantité de bases disponibles n'est pas suffisante, il se produit un précipité sous forme d'urates acides ou d'acide urique libre.

Le *sedimentum lateritium*, bien connu depuis longtemps et se présentant sous l'aspect d'un dépôt jaune ou rouge-brique qui adhère aux parois du vase est formé notamment d'urates acides de soude et de potasse, en partie aussi d'acide urique libre et d'une faible quantité d'urate acide d'ammoniaque. Abstraction faite de la richesse absolue de l'urine en urates, diverses circonstances exercent une influence remarquable sur la formation de ce sédiment.

Il en est ainsi de :

a) **la température.** — Les urates se dissolvent beaucoup plus facilement à chaud qu'à froid : aussi le sedimentum lateritium se présente le plus souvent pendant la saison froide.

b) **La concentration de l'urine.** — Plus est forte la concentration de l'urine et plus facile aussi est le dépôt d'urates.

Aussi, le rencontre-t-on à la suite de fortes transpirations, d'exercices musculaires forcés, dans le rhumatisme aigu, pendant la diaphorèse critique des maladies aiguës, dans les catarrhes de l'estomac et de l'intestin (dans ce dernier cas, par suite de l'arrêt de la résorption combiné avec une forte élimination d'eau par le canal intestinal).

c) **Le degré d'acidité de l'urine.** — L'acide urique est un acide très faible : il est facilement expulsé de ses combinaisons par d'autres acides ou par des sels acides qui peuvent se trouver dans l'urine. Lorsque l'acidité de l'urine est forte, il n'y a pas une quantité suffisante de bases disponibles pour former des urates neutres bien solubles ; voilà pourquoi, dans ce cas, les urates acides ou l'acide urique libre se précipitent.

De ce que nous venons de dire, il résulte qu'un sédiment

abondant d'urates ne permet pas toujours de conclure à la présence d'une quantité exagérée d'acide urique dans l'urine. Dans les urines fortement sédimenteuses du rhumatisme aigu, on a même constaté une proportion d'acide urique, atteignant à peine la normale,

Analyse qualitative.

1. **De l'acide urique libre.** — Les cristaux rouges, semblables à des grains de sable, déposés au fond et sur les parois du vase sont déjà très caractéristiques. Au microscope (fig. 4), l'acide urique se présente toujours sous la forme cristalline ; les cristaux sont d'autant plus nets et d'autant plus beaux que la cristallisation s'est faite plus lentement. Le type fondamental est constitué par la lamelle rhomboïdale. Par la troncature de

FIG. 4.

Acide urique et urates (*Funke*).

deux angles, situés l'un vis-à-vis de l'autre, naît la forme de loin la plus commune, la forme de pierre à aiguiser. Toutes les autres espèces de cristaux, très nombreuses, souvent fort compliquées et parfois vraiment magnifiques, peuvent être ramenées à ces deux formes fondamentales (outre des cristaux en forme de tonneau, de clef, de peigne, on rencontre des aiguilles, des rosaces, des épées, etc.). Pourtant, l'acide urique se présente aussi sous l'aspect de cristaux irréguliers, grossiers, en forme de lance. (Fig. 5). La constatation de ces cristaux a une certaine importance pratique, attendu que *Ultzmann* les a presque toujours observés en même temps que la lithiase rénale. L'acide urique chimiquement

Fig. 5.

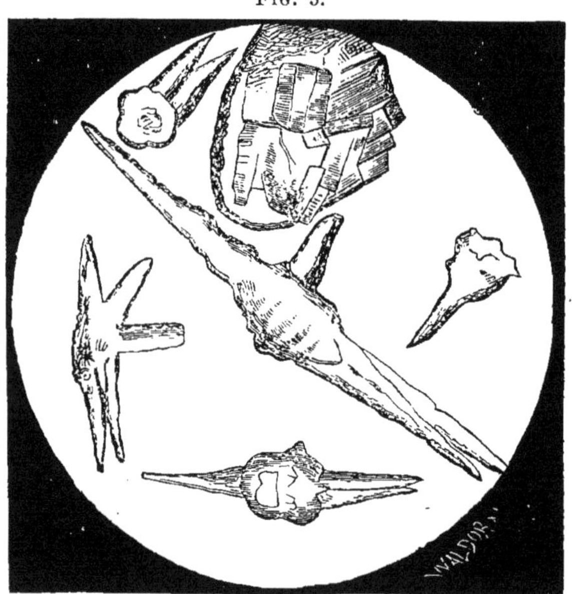

Acide urique en formes irrégulières (*Ultzmann*).

pur est incolore; examiné au microscope, il présente cependant toujours une teinte rouge-jaunâtre plus ou moins prononcée. Cette coloration constitue un signe différentiel important; les autres cristaux qui se rencontrent dans l'urine paraissent à peu près ou complètement incolores. Dans les cas douteux, on dissout les cristaux sur le porte-objet par la potasse et on ajoute de l'acide chlorhydrique; on voit alors, les cristaux caractéristiques se former (fig. 6). — A l'examen chimique, l'acide donne aussi des réactions très nettes :

a) **La réaction de la murexide.** — Dans une capsule de porcelaine, on mélange à l'aide d'une baguette de verre, une minime quantité du sédiment pulvérisé avec deux gouttes d'acide nitrique; puis, on évapore prudemment jusqu'à siccité. La tache jaune-rougeâtre qui reste, devient **rouge-pourpre** quand, après refroidissement, on la mouille avec de l'ammoniaque. Le corps qui s'est formé pendant cette réaction est la **murexide ou purpurate d'ammoniaque.** Si on imbibe la tache rouge avec un peu de solution de potasse, elle prend une coloration bleu-pourpre. En ajoutant au résidu primitif jaune-rougeâtre de la potasse au au lieu d'ammoniaque, on obtient une magnifique solution violet-pourpre. A la différence de ce qui se passe pour la xanthine, cette couleur disparaît assez rapidement, surtout sous l'influence de la chaleur. La réaction de la murexide convient très bien pour déceler la présence de l'acide urique dans les concrétions.

b) **Réaction par le nitrate d'argent.** — Une solution alcaline d'acide urique réduit immédiatement le nitrate d'argent, même à froid. On laisse tomber quelques gouttes d'une solution d'acide urique dans le carbonate de soude sur un morceau de papier à filtrer imbibé d'une solution de nitrate d'argent. Il suffit d'une proportion d'acide urique de 1 pour mille, pour obtenir bientôt une tache noire; même avec des proportions beaucoup moindres (jusque 1 pour 500,000), on voit se produire après quelques secondes, une coloration jaune,

c) **Réaction par la chaleur.** — En chauffant une solution alcaline d'acide urique avec une solution alcaline de sulfate de cuivre, on observe la formation d'un précipité blanc d'urate de cuivre. Si le cuivre est en excès et si l'on continue l'action de la chaleur, il se produit un précipité rouge d'oxydule de cuivre. Comme nous le dirons plus loin, cette propriété réductrice de l'acide urique peut donner lieu à une confusion avec le sucre.

Mais, des différents moyens employés pour reconnaître l'acide urique, l'examen microscopique est certainement le plus facile et le plus expéditif. (Voir fig. 4, 5 et 6).

2. **Urates.** — Ainsi que nous l'avons fait remarquer antérieurement, le sedimentum lateritium est déjà assez caractéristique en lui-même, non seulement à cause de sa couleur (qui, à la vérité, peut quelquefois devenir gris-clair ou même à peu près blanche), mais encore, à cause de cette circonstance qu'il se dissout entièrement quand on le chauffe légèrement. Ce caractère distingue déjà suffisamment les urates, *a*) **des phosphates** précipités dont le dépôt augmente plutôt par la chaleur

Fig. 6.

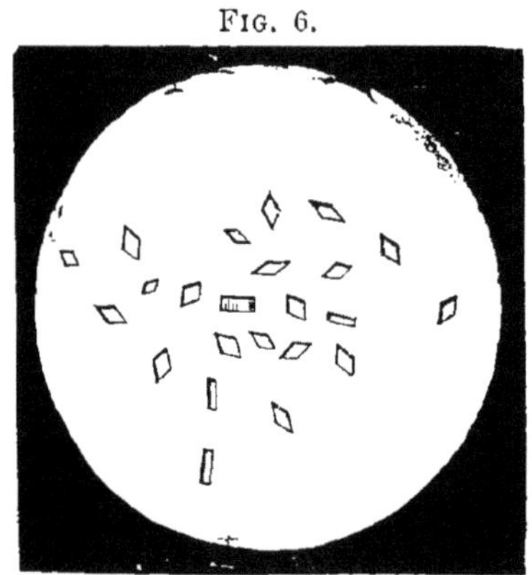

Cristaux d'acide urique obtenus par l'acide chlorhydrique.

et qui se dissolvent par l'addition d'une goutte d'acide acétique, et *b*) **du pus** qui ne se dissout ni par la chaleur, ni par l'acide acétique. Les urates donnent aussi la réaction de la murexide. Au microscope, ils se présentent généralement sous forme de granulations amorphes, légèrement colorées en jaune (fig. 4) et associées parfois à quelques cristaux peu nombreux d'acide urique.

Si, sous le couvre-objet, on ajoute au sédiment amorphe d'urates, deux gouttes d'acide chlorhydrique, on constate d'un quart d'heure à une demi-heure plus tard, la présence de cristaux d'acide urique (fig. 6).

Analyse quantitative.

La détermination de la proportion d'acide urique se fait par **la pesée** des cristaux précipités au moyen de l'acide. A cet effet, on prend 100 cc. d'urine et on y ajoute 5 cc. d'acide chlorhydrique concentré. Au bout de 48 heures, on recueille sur un filtre séché et pesé les cristaux précipités; on lave à l'eau, on dessèche et on pèse.

Comme il peut arriver que l'acide chlorhydrique ne précipite pas complètement l'acide urique, on obtient souvent une proportion trop faible. La méthode indiquée par *Salkowsky*, est plus exacte, mais son exécution est trop difficile pour le médecin praticien.

Détermination approximative d'après le poids spécifique (*Méhu*). — En multipliant par 2, les deux derniers chiffres du nombre, qui exprime la densité, on obtient en centigrammes la quantité d'acide urique, contenue dans 1000 cc. d'urine. Ainsi, une urine d'un poids spécifique de 1020 renferme par 1000 cc. 40 centigrammes d'acide urique. Ce calcul n'est pas applicable aux urines pathologiques.

Urate acide d'ammoniaque. — Il existe, mais seulement en petite quantité, dans le sedimentum lateritium. Il se présente surtout dans les urines alcalines, accompagnant le phosphate ammoniaco-magnésien ; on le trouve aussi dans les concrétions et dans l'infarctus urique des nouveau-nés. A l'examen microscopique (fig. 7), il se montre sous forme de masses globuleuses, d'un brun-jaunâtre, pourvues en certains points de leur surface de pointes fines, ce qui leur donne une certaine ressemblance avec la pomme épineuse ; la couleur de ces masses permet surtout de les reconnaître facilement. Parfois, elles s'associent par paires formant ainsi ce qu'on appelle les globules doubles (fig. 11 c). On ne peut les confondre qu'avec la leucine (voir plus loin) ; en cas de doute, il suffit d'introduire sous le couvre-objet un peu d'acide chlorhydrique : s'il s'agit d'urate, on trouvera après quelque temps les cristaux d'acide urique.

Fig. 7.

Urate acide d'ammoniaque. (*Fürbringer.*)

Préparé artificiellement par l'action d'une solution aqueuse d'ammoniaque sur l'acide urique, l'urate ammonique cristallise sous la forme de fines aiguilles brillantes et incolores, affectant souvent une disposition étoilée (voir fig. 11 en bas et à droite). Parfois ces mêmes cristaux se produisent naturellement; l'auteur les a rencontrés dans un cas de cystite grave avec urines ammoniacales.

ACIDE HIPPURIQUE.

Ce corps, qui constitue dans l'urine des herbivores, le produit le plus important de la métamorphose des substances azotées, n'existe dans l'urine humaine qu'en très faible quantité (0.3 à 1 gramme dans les 24 heures). Au point de vue théorique, l'acide hippurique présente un grand intérêt : actuellement, il ne possède aucune importance pratique.

CRÉATININE.

La créatinine qui dérive de la créatine, contenue dans les muscles, n'existe aussi dans l'urine qu'en proportion insignifiante (0.50 à 1 gr. dans les 24 heures). Au point de vue chimique, la créatinine est une base azotée qui se combine également avec les acides et avec les sels : il faut signaler en particulier sa combinaison avec le chlorure de zinc.

Quand on ajoute à l'urine quelques gouttes d'une solution très diluée de nitro-prussiate de soude et un peu de lessive de soude, la créatinine manifeste sa présence en donnant à l'urine une couleur rouge-bourgogne qui disparait rapidement. Si, après décoloration, on ajoute un peu d'acide acétique et on chauffe, le liquide prend une teinte bleu-verdâtre. Ce qui, pour nous, donne de l'intérêt à la créatinine, ce sont les difficultés que sa présence peut créer à la constatation du sucre dans l'urine.

ÉLÉMENTS DU GROUPE DE LA XANTHINE.

Parmi ces éléments, la xanthine seule se rencontre dans l'urine normale et en proportion extrêmement faible, (1 gramme pour 300 litres. *Neubauer*.)

L'intérêt qu'elle présente pour le praticien réside dans cette circonstance que parfois, mais très exceptionnellement, elle constitue des concrétions (voir plus loin).

Récemment, *Salomon* a trouvé **la paraxanthine**, un corps très voisin de la xanthine, se présentant en grands cristaux rhombiques qui mesurent parfois plusieurs millimètres.

La paraxanthine existe aussi dans l'urine normale, mais en quantité si minime, que pour l'obtenir, il faut au moins 500 litres d'urine.

ACIDE OXALIQUE.

L'acide oxalique se présente en proportion variable, mais pourtant toujours assez faible (traces jusqu'à 0,02 grammes en 24 heures. *Fürbringer*), dans l'urine des individus SAINS, soumis à une alimentation mixte. L'ingestion de plantes qui contiennent de l'acide oxalique (oseille, etc.), détermine une augmentation de cette proportion : il en est de même de l'usage de certains médicaments, comme la rhubarbe. — L'acide oxalique se présente sous forme d'oxalate de chaux qui est maintenu en solution par le phosphate acide de soude. Lors de la fermentation acide de l'urine, pendant laquelle les urates et le phosphate acide de soude se transforment en phosphate neutre de soude, urates acides et acide urique libre, l'oxalate de chaux se précipite sous forme cristalline en même temps que les urates acides et l'acide urique. — L'augmentation PATHOLOGIQUE de l'acide oxalique a été considérée comme un état morbide particulier et désignée sous le nom d'**oxalurie** ou **diathèse oxalique.**

L'oxalurie a été surtout décrite par les Anglais : dans ces derniers temps, l'italien *Cantani* s'en est également occupé : il la considère comme un trouble de nutrition se rapprochant du diabète sucré. *Cantani* diagnostique cette maladie par la constatation de nombreux cristaux d'oxalate de chaux dans l'urine **fraîchement** émise : à part les cas d'oxalurie physiologique que nous avons mentionnés plus haut, l'urine fraiche ne renferme que peu ou point de ces cristaux. On a élevé, en Allemagne surtout, des objections contre cette manière de voir qui fait de l'oxalurie une maladie spéciale.

L'italien *Renzone* considère également la présence de l'oxalate de chaux dans l'urine, non point comme l'expression d'une diathèse particulière, mais comme le signe d'un ralentissement de l'oxydation et de la nutrition pouvant se rencontrer dans les états pathologiques les plus divers (tuberculose, cancer, malaria, etc.) et ne suffisant jamais à lui seul pour établir un diagnostic. — Ce qui diminue encore la signification de ce signe, c'est le fait que la précipitation de l'oxalate peut dépendre exclusivement de la diminution plus ou moins considérable de la quantité de

FIG. 8.

Oxalate de chaux.

phosphate acide de soude dans l'urine. — Quoi qu'il en soit, il résulte des observations de différents auteurs que l'oxalate de chaux se rencontre très fréquemment dans l'**hypochondrie**, notamment quand celle-ci a son point de départ dans la sphère génitale. — L'acide oxalique présente en outre de l'importance comme élément constituant de **concrétions** urinaires.

L'analyse qualitative se fait au moyen du microscope : les cristaux sont caractéristiques (fig. 8) ; ils se présentent sous forme de petits octaèdres carrés (forme d'enveloppe), brillants, très réfringents, à contours nets, incolores (jaunes en cas d'ictère).

Leurs dimensions sont très variables : à côté de beaux grands cristaux bien développés, on en trouve de très petits, à peine perceptibles, ne se reconnaissant qu'à leur éclat. (D'après *Beale*, ces derniers surtout seraient caractéristiques pour l'oxalurie pathologique). Parfois, les octaèdres carrés se combinent avec des prismes et forment des **colonnes quadrangulaires** terminées par des pyramides (v. fig. 8 en haut) : on rencontre aussi des formes sphéroïdes (forme de sablier, *dumb-bels*). — La forme cristalline de l'oxalate de chaux est si caractéristique qu'une erreur n'est guère possible ; seul, le phosphate ammoniaco-magnésien peut parfois présenter une certaine analogie avec l'oxalate (fig. 11 *a*). En mettant exactement au point, on constate que le centre des quatre lignes divergentes de la surface des cristaux de phosphate forment un petit rectangle ou une ligne, mais qu'il ne constitue jamais un point, comme c'est le cas pour l'oxalate. De plus, les cristaux de phosphate se dissolvent dans l'acide acétique, tandis que l'oxalate n'est soluble que dans les acides minéraux. Le **chlorure de sodium** cristallise également en octaèdres, mais ses cristaux se dissolvent dans l'eau.

Dans l'urine du cheval, où l'oxalate de chaux présente les formes cristallines les plus variées, on peut rencontrer outre la forme d'enveloppe de lettre, des *dumb-bels* striés à leur surface et des formes ovales, arrondies, ressemblant à des petits pains.

B. ÉLÉMENTS INORGANIQUES.

CHLORURE DE SODIUM.

Parmi les éléments inorganiques qui se trouvent dans l'urine, le chlorure de sodium occupe le premier rang. C'est la combinaison qui renferme presque exclusivement le chlore, car le chlorure de potassium et le chlorure de calcium n'existent dans l'urine qu'à l'état de traces. Chez l'individu sain, la quantité de chlorure de sodium éliminée en 24 heures s'élève à 10 ou 13 grammes ; d'ailleurs, cette quantité varie beaucoup ; elle provient de la nourriture et par conséquent, elle correspond exactement à la quantité de chlorure de sodium qui a été ingéré. Au point de vue quantitatif, le chlorure de sodium est, après l'urée, l'élément le plus important.

A l'état pathologique, il y a **diminution** du chlorure de sodium :

1. **Dans les maladies fébriles aiguës** (à l'inverse de ce qui se passe pour l'urée) par exemple, dans la pneumonie croupale, où, pendant la période d'état, le chlorure de sodium peut disparaître presque complètement. La fièvre intermittente constitue à cet égard une exception : d'après *Vogel*, l'élimination du chlorure de sodium est plus considérable pendant le stade fébrile que pendant les intervalles apyrétiques. La **disparition** complète des chlorures dans les maladies fébriles exprime d'ordinaire un état grave ; leur réapparition doit être considérée comme un signe de bon augure (1).

(1) L'hypochlorurie, c'est-à-dire la diminution de la quantité des chlorures se produisant d'une façon graduelle et progressive est, d'après *M. Rommelaere*, un fait constant à la période d'incubation d'un travail inflammatoire PURULENT. Il ne fait jamais

2. **Dans les maladies chroniques** où la proportion du chlore comme celle de l'urée est jusqu'à un certain point parallèle à l'état de la nutrition générale.

3. **Dans les maladies rénales** avec albuminurie et anasarque.

Abstraction faite de l'apport de quantités considérables de chlorures par l'alimentation, il y **augmentation** des chlorures dans tous les cas où l'état antérieur se liait à une rétention de ces sels; ainsi, dans les premiers jours qui suivent la crise (élimination critique) et particulièrement pendant la résorption d'exsudats ou de transsudats considérables qui renfermaient de fortes quantités de chlorure de sodium. Dans ces conditions, d'après *Vogel*, la quantité éliminée en 24 heures peut atteindre jusque 55 grammes.

Analyse qualitative. On acidifie fortement l'urine au moyen de l'acide nitrique et on y ajoute quelques gouttes d'une solution de nitrate d'argent : il se forme un précipité blanc, caséeux de chlorure d'argent. L'addition de l'acide a pour but d'empêcher la précipitation d'autres sels d'argent, notamment du phosphate.

L'analyse quantitative se fait au moyen d'une solution titrée qui renferme 29,062 grammes de nitrate d'argent par litre.

Le procédé de *Mohr* repose sur ce fait que, par l'addition de nitrate d'argent à de l'urine mélangée de chromate neutre de potasse, tout le chlore se précipite, en premier lieu, sous forme de chlorure d'argent et qu'ensuite, il se produit du chromate d'argent ; celui-ci se décèle par l'apparition d'un

défaut dans ces cas et il se rencontre alors que rien ne permet de reconnaître cette première phase de l'inflammation.

Quand le chiffre s'abaisse au dessous d'un gramme pour les 24 heures, il y a péril ; la suppuration est imminente avec toutes ses conséquences en tête desquelles se place la septicémie ; à cette période, il n'y a encore ni élévation de température, ni accélération du pouls, ni douleur même à la pression.

L'hypochlorurie serait donc un signe diagnostique de grande valeur. (*Note du traducteur.*)

précipité rouge qui constitue donc la réaction finale. Le dosage est exécuté de la façon suivante : Au moyen d'une pipette graduée, on verse dans un vase de verre 10 cc. d'urine et on y ajoute 0,5 cc. d'une solution concentrée à froid de chromate neutre de potasse. La solution titrée indiquée plus haut dont chaque centimètre cube précipite 0,010 de chlorure de sodium, est introduite dans une burette graduée ; on la laisse s'écouler goutte à goutte en agitant constamment jusqu'au moment où la coloration rouge qui se produit au point de contact de l'urine et de la solution argentique ne disparaisse plus. La première trace de couleur orange signale la fin de la réaction. On lit alors la quantité de solution argentique employée, et, d'après cela, on calcule facilement le contenu de l'urine en chlorure. — Par suite de diverses circonstances, cette méthode n'est pas tout à fait exacte pour l'urine : aussi, vaut-il mieux faire ce dosage en décomposant toutes les matières organiques par l'acide nitrique ; pour les détails de ce procédé, nous renvoyons aux manuels.

En général, le praticien se contentera de savoir approximativement si la proportion des chlorures est normale ou si elle a subi une réduction notable. A cet effet, on ajoute à l'urine préalablement acidifiée par l'acide nitrique une forte solution de nitrate d'argent (environ 8 °/₀). Si la quantité de chlorure est normale, il se formera une masse compacte, gris-blanchâtre, caséeuse, qui gagnera le fond du vase et qui par l'agitation se séparera en petits flocons : ceux-ci resteront d'abord en suspension, puis peu à peu, ils se déposeront au fond du liquide qui sera devenu complètement transparent. Plus la quantité de sel marin est faible et moins le précipité est dense ; par l'agitation, au lieu de former de petits flocons, il se désagrège en un nuage de molécules qui se répandent dans le liquide et lui donnent une apparence laiteuse. Lorsque la quantité de chlorure est très faible, l'addition de nitrate d'argent produit un nuage blanc qui manque complètement, lorsque les chlorures ont disparu tout à fait.

SULFATES.

Le soufre se rencontre dans l'urine surtout sous forme de sulfates : il y existe également sous la forme d'acides sulfo-conjugués de la série aromatique (notamment d'acide sulfo-phénique et d'acide sulfo-indoxylique). La quantité de ces derniers est vis-à-vis du reste de l'acide sulfurique, dans le rapport de 1 à 10.

Dans les conditions pathologiques, la quantité de sulfates se comporte comme la quantité d'urée. La quantité d'acide sulfo-conjugué est augmentée dans tous les cas où la proportion d'indican ou de phénol est plus forte que normalement, ainsi dans l'obstruction intestinale, à la suite de l'usage médical de l'acide phénique, de thymol, etc. A la suite de l'emploi chirurgical de l'acide phénique, la plus grande partie de l'acide sulfurique peut se présenter dans l'urine sous la forme d'acide sulfo-conjugué. Une urine ainsi chargée d'acide phénique ne donnera donc point de précipité ou seulement un léger trouble par l'acide chlorhydrique et le chlorure de baryum.

Analyse qualitative : elle se fait par l'addition de chlorure de baryum et d'un acide minéral (pour empêcher la précipitation du phosphate et du carbonate de baryum) ce qui détermine l'apparition d'un précipité blanc finement granuleux de sulfate de baryum. — Pour l'**analyse quantitative**, on doit naturellement tenir compte de l'acide sulfo-conjugué. Nous renvoyons aux manuels plus étendus pour les procédés de cette analyse.

Observation. Dans des cas fort rares, il se forme dans l'urine, un précipité blanc de **cristaux de sulfate de chaux.** Ceux-ci se présentent sous forme de prismes ou d'aiguilles disposées d'un façon variée (rosaces, etc.), et rappelant un peu les cristaux de phosphate de chaux.

NITRATES.

Schönbein a constaté la présence de l'acide nitrique dans l'urine. L'acide nitrique ne se rencontre pas dans l'urine fraîche, mais seulement dans l'urine devenue trouble par la putréfaction (développement de bactéries). — Selon *Röhmann*, la source de l'acide nitrique doit être cherchée dans l'eau de boisson et dans les aliments.

PHOSPHATES ET CARBONATES.

L'acide phosphorique se présente dans l'urine combiné en partie aux alcalis, en partie à la chaux et à la magnésie. Comme nous l'avons dit plus haut, c'est le phosphate acide de soude qui détermine la réaction acide de l'urine. La quantité de phosphates, éliminée en 24 heures, atteint 2.50 à 3.50 grammes.

Sous le nom de **phosphaturie** (diathèse phosphatique), on désigne un état dans lequel les phosphates ou carbonates de l'urine se précipitent peu de temps après l'émission ou même déjà dans les voies urinaires. En ce dernier cas, l'urine est trouble, laiteuse, et l'on aperçoit parfois autour de l'orifice externe de l'urèthre, un dépôt de sels sous forme de granulations blanches. Si, au moment de l'émission, l'urine était encore claire, il suffirait de la chauffer légèrement pour déterminer une précipitation abondante. Le sédiment, qu'il se soit formé spontanément ou non, est gris blanchâtre, floconneux, très volumineux et léger; aussi reste-t-il assez longtemps en suspension dans le liquide. Si l'on ne tient compte que de l'aspect du sédiment, les phosphates peuvent être confondus avec **le pus** et avec **les urates**. Mais, ces derniers sont plus granuleux, souvent légèrement colorés en jaune ou en rouge; ils se dissolvent par la chaleur, tandis que les phosphates sont solubles par l'addition d'une ou deux gouttes d'acide acétique. Le pus ne se dissout ni par l'acide acétique, ni par la chaleur.

L'examen microscopique est important; il fournit souvent des renseignements tout à fait caractéristiques :

a) **Phosphate de chaux.** Il se présente ou bien, à l'état amorphe et dans ce cas, il peut être confondu avec les urates ou bien, à l'état cristallin, en forme d'aiguilles, de flèches, de lame à simple ou à double tranchant : ces cristaux sont de petites dimensions et tout à fait incolores; ils s'associent parfois en plus ou moins grand nombre pour former des rosaces (fig. 9). D'après *Ultzmann*, ces cristaux

Fig. 9.

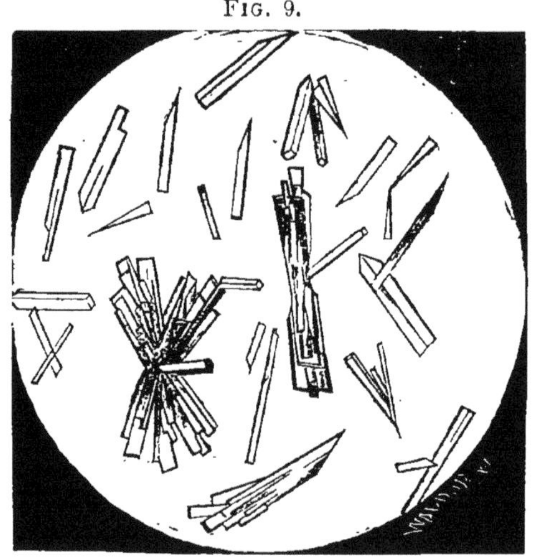

Phosphate de chaux.

sont caractéristiques pour la phosphaturie : ils disparaissent rapidement par la fermentation ammoniacale.

b) **Phosphate de magnésie.** Il est généralement à l'état amorphe ; parfois, il se présente sous forme de grands prismes ou de tablettes incolores. A côté de ces deux sels, on rencontre assez souvent le

c) **Carbonate de chaux.** Au microscope, il se montre à l'état de granulations crayeuses, amorphes ou bien, en amas de globules gris-blanchâtres, légèrement brillants (fig. 10). On rencontre aussi assez souvent des dumb-bells, des cristaux en forme de baguettes de tambour ou disposés en croix. La réaction chimique est caractéristique ; le dépôt se dissout par l'addition de l'acide chlorhydrique et il est remplacé par des bulles d'air. On rencontre souvent des cristaux d'oxalate de chaux, à côté du carbonate de chaux.

Le dosage de la quantité d'acide phosphorique dans la phosphaturie ne donne, chose remarquable, que des proportions normales (2,5 à 3,5 grammes dans les 24 heures). On ne constate que rarement une augmentation absolue. Ce qu'il y a de particulier dans la phosphaturie, n'est donc pas la quantité d'acide phosphorique éliminé, mais la sécrétion

Fig. 10.

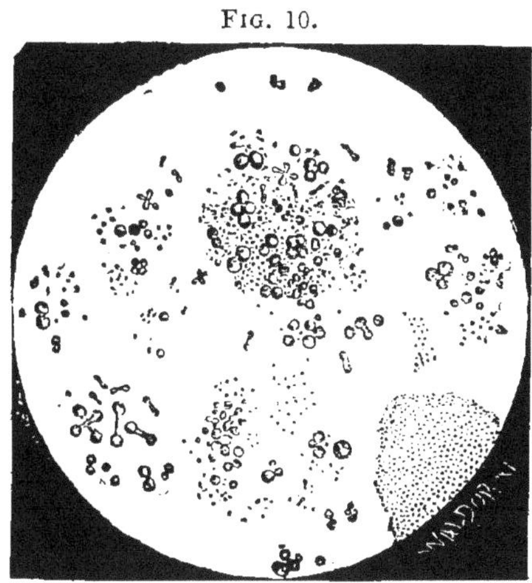

Carbonate de chaux.

d'une urine alcaline dont la réaction est déterminée par les alcalis fixes. Cet état qui est indépendant de l'alimentation doit être considéré avant tout comme une anomalie des échanges nutritifs : il se rencontre surtout dans les conditions suivantes : 1) dans les maladies du cerveau et de la moelle ; 2) dans le surmènement intellectuel, dans les états neurasthéniques ; 3) dans les excès sexuels, l'hypochondrie, 4) dans les maladies articulaires, surtout lorsqu'un grand nombre d'articulations sont entreprises ; 5) enfin, chez des individus qui semblent parfaitement sains, surtout en été.

Züelzer compare la quantité d'acide phosphorique contenu dans l'urine à la proportion d'azote éliminé (quantité *relative* de phosphore). Il détermine ainsi l'intensité de la métamorphose régressive dans les différents tissus. Plus le chiffre de l'azote est élevé, et plus cette métamorphose est considérable dans les tissus riches en albumine, notamment les muscles ; plus le chiffre du phosphore est élevé, et plus la métamorphose régressive est intense dans les tissus riches en lécithine, c'est-à-dire dans le tissu nerveux. *Züelzer* admet aussi que l'usure nutritive prédomine, par périodes, tantôt dans un tissu, tantôt dans l'autre et qu'il y a, sous ce rapport, des oscillations dans le courant d'une même journée. A cette manière de voir, *Ewald* a objecté que l'on ne pouvait point considérer l'élimination des acides inorganiques et de leurs sels dans l'urine comme une mesure exacte de l'activité de la nutrition, attendu qu'il n'y a qu'une partie de ces éléments qui passe par les reins et les parois intestinales, tandis qu'une autre partie est constamment utilisée dans l'intimité même de l'économie, pour différents buts qu'il n'est pas possible de déterminer.

La diminution des phosphates a été constatée dans différentes conditions, dans l'atrophie jaune aiguë du foie, dans la grossesse, dans le rachitisme (*Baginsky*).

Les phosphates se rencontrent fréquemment dans **les concrétions,** surtout celles de la vessie.

Analyse qualitative. Elle se fait par l'addition d'un peu de lessive de potasse à l'urine; si ensuite, on chauffe, les phosphates terreux se séparent sous forme de flocons peu denses, gris-blanchâtres, assez caractéristiques : quand il y a du sang dans l'urine, la matière colorante est entrainée par le précipité. Assez souvent par la chaleur seule, on obtient un précipité : cela dépend en général de ce que l'urine est déjà alcaline (voir plus haut); mais, le précipité peut se produire également dans une urine acide, lorsque le phosphate de chaux est maintenu en solution seulement par l'acide carbonique, car la chaleur chasse ce dernier.

Par le procédé que nous venons d'indiquer, il n'y a que les phosphates terreux qui soient précipités. Pour constater la présence de l'acide phosphorique uni aux alcalins, on ajoute à l'urine une solution ammoniacale de magnésie qui précipite du phosphate ammoniaco-magnésien.

Pour l'analyse quantitative de la proportion totale des phosphates, on se sert, d'après *Neubauer*, d'une solution titrée d'acétate d'uranium (1 cc. = 0,005 gram. d'acide phosphorique) qui, en présence de l'acide acétique libre, précipite tous les phosphates. A cet effet, l'urine est mélangée avec une solution déterminée d'acétate de soude et l'on y ajoute du liquide titré aussi longtemps qu'il se forme un précipité. La réaction finale est constituée par la coloration brun-rougeâtre produite par l'oxyde d'urane libre au contact du ferrocyanure de potassium.

Phosphate ammoniaco-magnésien (phosphate triple). Il se présente en même temps que le phosphate de chaux et le carbonate de chaux amorphes, ainsi que l'urate acide d'ammoniaque, dans l'urine ammoniacale : il en est, au point de vue microscopique, l'élément caractéristique, à la différence de l'urine dont l'alcalinité est due aux alcalis fixes et dont le sédiment est caractérisé par les cristaux de phosphate de chaux. Le phosphate ammoniaco-magnésien affecte les formes les plus variées du prisme rhomboédrique : la forme de couvercle de cercueil ou de catafalque est la plus connue (fig. 11).

Ces beaux cristaux incolores sont parfois tellement grands que, même à l'œil nu, ils s'aperçoivent dans le liquide sous forme de points brillants et que, avec un grossissement de 300 fois, ils occupent tout le champ du microscope. Quelquefois, on observe des cristaux incomplètement développés en forme de × dans lesquels on peut cependant reconnaître le type fondamental (fig. 11*b*, *Ultzmann*). Les cristaux de phosphate ammoniaco-magnésien peuvent être difficilement confondus avec d'autres. A la vérité, l'acide hippurique affecte la même forme cristalline, mais il se distingue par son

FIG. 11.

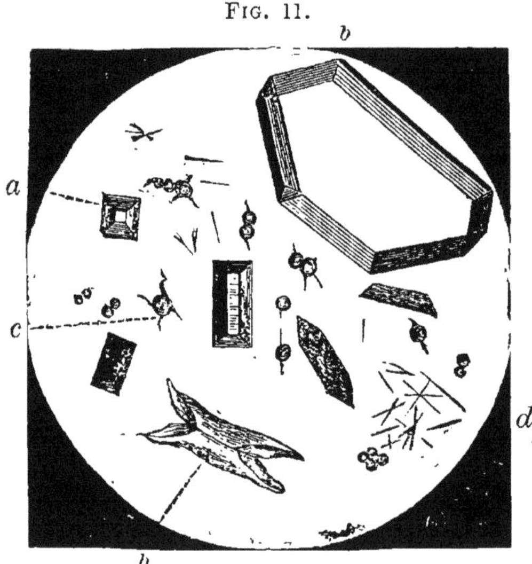

(a, b) Phosphate ammoniaco-magnésien. *(c, d)* Urate acide d'ammoniaque.

insolubilité dans l'acide chlorhydrique. On rencontre aussi, dans quelques cas rares, de petits cristaux de phosphate ammoniaco-magnésien qui ressemblent à s'y méprendre, aux cristaux d'oxalate de chaux. Mais ceux-ci sont insolubles dans l'acide acétique. Au surplus, un examen microscopique exact suffit à éviter l'erreur (voir plus haut).

III

ÉLÉMENTS ANORMAUX DE L'URINE.

ALBUMINE.

A part les exceptions que nous indiquerons tout à l'heure, l'urine normale ne contient pas d'albumine. D'après *Heidenhain*, c'est principalement la couche continue d'épithélium à la face externe du bouquet vasculaire dans le glomérule qui s'oppose au passage de l'albumine.

On rencontre l'albumine :

I. A l'état physiologique. — Chez les **nouveau-nés**, avant que la sécrétion urinaire soit régulièrement établie, l'urine est parfois légèrement albumineuse.

Dans l'**enfance** et à la **puberté**, on a de temps en temps rencontré l'albuminurie, notamment chez des individus pâles, à la musculature délicate. Mais, on doit se demander si un examen rigoureux ne rangerait pas cette albuminurie parmi les cas pathologiques.

Chez les adultes. La question de savoir si, par analogie avec la glycosurie physiologique, l'albuminurie existe chez des individus parfaitement sains, n'est point encore tranchée. Ce qui est certain, c'est qu'en examinant l'urine d'un grand nombre de personnes saines en apparence, on rencontre chez quelques-unes, une albuminurie passagère et peu considérable (rarement plus de 0,1 %) qui se manifeste surtout à la suite d'efforts musculaires considérables ou de repas copieux (1) (*Leube*, *E. Bull*, *Fürbringer* et autres). Sauf ces cas d'albuminurie physiologique qu'il ne faut d'ail-

(1) Après l'ingestion d'œufs crus en grande quantité, on a trouvé dans l'urine de l'albumine (du blanc d'œuf). Pourtant dernièrement, en ce qui concerne l'homme au moins, *Oertel* a mis en doute l'exactitude de ces observations.

leurs admettre qu'avec prudence, **l'albuminurie doit toujours être considérée comme un symptôme pathologique.**

II. A l'état pathologique. — L'énumération des maladies extrêmement nombreuses dans lesquelles peut exister l'albuminurie, nous entraînerait trop loin. Nous nous bornerons à former trois groupes dans lesquels viendront se ranger les cas les plus importants. Du reste, il ne faut pas perdre de vue que les limites de ces trois groupes ne sont pas très nettement tranchées : dans plusieurs affections, il est probable que diverses circonstances se réunissent pour produire l'albuminurie.

1. **Maladies du sang.** — Il faut comprendre ici : les maladies fébriles et infectieuses, comme la pneumonie, le typhus, la scarlatine à leur période de fièvre, etc. (« albuminurie fébrile »); l'empoisonnement par l'arsenic, le phosphore et autres substances analogues ; les maladies constitutionnelles comme l'anémie, la leucémie.

Dans ces cas, le mécanisme est sans doute le suivant : les parois vasculaires, l'épithélium de la face externe de glomérules sont mal nourries par le sang malade ; elles subissent des altérations qui diminuent leur résistance et permettent le passage de l'albumine. Lorsque l'influence nocive agit pendant un temps prolongé ou qu'elle possède une grande intensité, il se produit une dégénération graisseuse des parois vasculaires et de l'épithélium (par exemple, dans l'empoisonnement par le phosphore) et alors, l'albuminurie appartient en réalité au troisième groupe.

2. **Troubles circulatoires. Maladies du cœur, des poumons ou des plèvres** entraînant des changements de la pression sanguine. — L'albuminurie qui se rencontre parfois sous l'influence de différents troubles nerveux (apoplexie cérébrale, commotion cérébrale, épilepsie, maladie de Basedow, delirium tremens) peut aussi prendre place ici. Plusieurs cas d'albuminurie fébrile, l'albuminurie dans le choléra, dans la simple diarrhée, dans les étranglements internes et externes dépendent probablement de troubles circulatoires, c'est-à-dire de la faiblesse cardiaque. Quant à la cause de cette forme de l'albuminurie, une opinion générale autrefois, qui est encore défendue par plusieurs, la cherchait dans une **augmentation de la pression sanguine**

dans les glomérules. Mais, *Rüneberg* se fondant sur des expériences de filtration à travers des membranes animales, s'est efforcé de montrer que le facteur essentiel du passage de l'albumine dans l'urine réside dans une **diminution de la pression.** Outre la pression sanguine, **la vitesse du courant** a une grande importance. Lorsque cette vitesse est peu considérable et, à plus forte raison, quand le courant est arrêté (ligature, thrombose) les parois vasculaires et l'épithélium, en suite d'un apport insuffisant d'oxygène, sont mal nourris et laissent passer l'albumine (voir le premier groupe).

3. **Maladies des reins proprement dites.** (Maladie de Bright aiguë et chronique, y compris le rein amyloïde). — Dans ces cas, l'albuminurie dépend avant tout des altérations pathologiques du rein lui-même et particulièrement de ses membranes filtrantes. En outre, on doit tenir compte des troubles de la circulation, par exemple l'augmentation de la pression dans le rein contracté.

Si l'on veut schématiser l'ensemble des cas que nous venons d'indiquer, on peut désigner sous le nom d'albuminurie **hématogène,** les cas des deux premiers groupes et donner le nom d'albuminurie **néphrogène** à ceux du dernier.

Substances albuminoïdes qui se rencontrent dans l'urine en cas d'albuminurie. La substance albuminoïde la plus importante est **l'albumine du sérum** et après elle, **la globuline du sérum** (paraglobuline). En outre, on rencontre, aussi bien dans les urines albumineuses que dans les urines non albumineuses, **la peptone** et **l'hémialbuminose ou propeptone.**

De plus, l'albumine se présente parfois non dissoute sous forme de cylindres ou de coagulations volumineuses de fibrine (fibrinurie).

Albuminurie vraie et albuminurie fausse. — **L'albuminurie vraie** est celle dans laquelle l'albumine provient du rein (albuminurie rénale) ; **l'albuminurie fausse** provient du mélange qui se fait à l'urine, pendant son passage à travers les voies urinaires, de liquides albumineux, comme le pus et le sang, dans la cystite, durant la menstruation chez la femme et ainsi de suite. Dans **l'albuminurie mixte,** l'albumine provient en partie du rein, en partie des liquides purulents ou sanguins qui se mêlent à l'urine. Il faut donc toujours s'assurer que l'urine à examiner est exempte de pareils mélanges.

Le degré de l'albuminurie, — On distingue une albuminurie **légère**, une albuminurie **modérée,** une albuminurie **considérable**. Dans la première, la perte d'albumine, pour les 24 heures, arrive à 2 grammes ; dans la seconde, elle atteint 5 grammes ; dans la troisième, elle est de 10 grammes ou plus, jusque 20 grammes. Il est rare que l'on trouve des quantités plus considérables, ainsi près de 30 grammes (*Gorup-Bésanez*). **La proportion d'albumine pour cent** qui est très variable et qui, indépendamment de la quantité absolue d'albumine éliminée, dépend naturellement en grande partie de la quantité d'urine, comporte en général moins de 0,5 % et dépasse rarement 1 à 2 %. L'auteur a constaté deux fois (par le polarimètre) 6 % d'albumine ; l'un des cas concernait une femme syphilitique de 28 ans chez laquelle à l'autopsie, abstraction faite d'une phtisie pulmonaire, d'une légère endocardite mitrale et d'une embolie cérébrale, on constata une dégénérescence amyloïde considérable des reins avec une dégénération graisseuse notable de l'épithélium dans les tubes contournés, en même temps qu'une thrombose étendue de l'aorte abdominale au point d'origine des deux artères iliaques communes. A cause des mictions involontaires, il ne fut pas possible pendant la vie de déterminer la quantité d'urine : il n'y avait pas de mélange de sang. Le poids spécifique était de 10.35.

A. Analyse qualitative.

L'analyse qualitative de l'urine au point de vue de l'albumine (et ici, on ne fait généralement pas de distinction entre l'albumine du sérum et la globuline), est parmi toutes les recherches qui nous occupent, de loin la plus importante et mérite, par conséquent, de fixer toute notre attention.

Dans la plupart des cas, cette analyse ne présente aucune difficulté notable, attendu que nous possédons des réactifs très sensibles et très sûrs. Une condition nécessaire pour un examen sérieux, c'est de n'opérer que sur de l'urine limpide, parce que dans un liquide trouble, on n'apercevra point du tout ou seulement avec peine, un léger précipité en forme de nuage qui a, cependant, en bien des cas, une grande importance.

Il est d'autant plus nécessaire de tenir compte de cette règle que l'urine albuminurique est souvent trouble, dès le moment de son émission, par suite de la présence d'éléments morphologiques (cylindres, sang, etc.). D'ordinaire, on peut obtenir l'éclaircissement du liquide au moyen de la filtration; mais parfois, comme cela se présente surtout avec des urines déjà anciennes qui contiennent beaucoup de bactéries, le trouble ne disparaît pas, malgré une filtration répétée. En pareil cas, on arrive au but, en ajoutant quelques gouttes d'acide acétique, d'eau de chaux ou ce qui, d'après *Salkowsky,* vaut mieux, en agitant l'urine avec un peu de magnésie calcinée ou quelques gouttes de sulfate de magnésie, puis en ajoutant du bicarbonate de soude et agitant de nouveau. Le précipité de carbonate de magnésie qui se forme, entraîne le trouble; l'urine devient claire ou du moins utilisable pour un examen sérieux.

La recherche de l'albumine se fait par les méthodes suivantes.

1. *La chaleur.*

On chauffe jusqu'à ébullition, une petite quantité

(environ 5 cc.) d'urine fraiche, acide, et ensuite, qu'il se soit formé ou non un précipité, on ajoute de l'acide nitrique officinal (25 °/₀), dans la proportion d'un dixième environ du volume de l'urine, soit 5 à 10 gouttes. S'il y a de l'albumine, on verra se produire un précipité à flocons plus ou moins volumineux, gris-blanchâtre ou rouge-violet, à cause de la présence d'indican décomposé, précipité qui, d'ordinaire, après quelques minutes, se dépose au fond du vase. Ainsi, lorsqu'on trouve dans l'urine, après l'action de la chaleur et l'addition d'acide nitrique, un dépôt floconneux, on peut conclure à la présence de l'albumine. Généralement, dans une urine acide, la coagulation de l'albumine se produit par un simple échauffement (1); vers 50°, il se produit un trouble qui, partant de la surface, envahit toute la colonne liquide : l'albumine passe de l'état soluble à l'état insoluble.

En continuant à chauffer, on voit apparaître à partir de 70°, un précipité floconneux blanc (rougeâtre, s'il y a du sang) qui gagne peu à peu le fond du tube.

Quand la quantité d'albumine est considérable (environ 2 °/₀ ou plus), tout le liquide se fige et on peut retourner le tube sans que rien ne s'écoule. En pareille

(1) Parmi les urines albumineuses acides qui ne se coagulent pas au moyen de la chaleur seule, il en est qui le font après l'addition d'une goutte d'acide acétique (*Fürbringer*), l'auteur peut confirmer ce fait par sa propre expérience. D'autres urines, au contraire, réclament l'addition d'acide nitrique après la cessation de l'ébullition. Ce dernier cas se présente lorsque l'acidité de l'urine provient d'acide phosphorique libre ou d'acide lactique ou d'autres acides qui tous maintiennent l'albumine en dissolution. Lorsqu'on rencontre des urines fortement acides qui ne se coagulent qu'après addition d'un peu d'alcali, il s'agit probablement d'un fait du même genre que celui que nous avons mentionné en dernier lieu.

occurrence, l'action de la chaleur doit être conduite avec précaution, attendu que le verre se casse très facilement lorsque la couche d'albumine, située tout à fait au fond, vient à brûler.

L'addition d'acide nitrique se fait surtout pour deux raisons : 1. pour rendre la précipitation plus complète, et 2. pour éviter la confusion avec les phosphates ou carbonates alcalino-terreux. En effet, ces sels ne sont souvent maintenus en solution dans l'urine que par l'acide carbonique libre : ils se précipiteront donc sous l'action de la chaleur en forme de précipité finement floconneux, blanc-grisâtre qui, au seul aspect, ressemble à s'y méprendre à l'albumine, mais, il s'en distingue facilement, grâce à sa solubilité dans les acides.

La réaction que nous venons d'indiquer est très sensible ; elle peut déceler des quantités d'albumine de 0.01 à 0,005 %.

Pour l'exécuter, il faut prendre les précautions suivantes :

L'acide nitrique ne doit pas être ajouté en **trop faible proportion** (par exemple, 1 ou 2 gouttes seulement) parce que, en présence d'une petite quantité d'acide nitrique, l'albumine est maintenue en solution et qu'elle ne se précipite que par l'addition d'une nouvelle quantité de cet acide. D'autre part, il ne faut pas l'employer **en excès**, attendu que dans ces conditions et sous l'influence de la chaleur, l'albumine se transforme en partie en un liquide jaunâtre et en partie en coagulations jaunâtres (réaction de l'acide xanthoprotéique) (1).

(1) Pour ce motif, il faut procéder avec précaution lorsque, ainsi que le conseillent différents auteurs, on ajoute l'acide nitrique *avant* de chauffer.

On ne peut pas indiquer d'une façon exacte, la proportion convenable pour chaque cas, parce que, sous ce rapport, les différentes urines se comportent différemment; cependant, la proportion donnée plus haut (1/10 du volume de l'urine) conviendra dans la plupart des cas : au surplus, il vaut mieux, en général, ajouter trop d'acide que d'en ajouter trop peu.

Après l'action de la chaleur, on peut, au lieu de l'acide nitrique, faire usage de l'**acide acétique** ; seulement, quand on emploie ce dernier, les conditions sont toutes différentes. En effet, on ne doit en ajouter que de très petites quantités (1/2 à 1 goutte pour 5 cc. d'urine); car, l'acide acétique en excès forme avec l'albumine un corps soluble. Cependant, suivant *Hammarsten*, le danger d'employer une trop forte quantité d'acide acétique **après** l'action de la chaleur n'est point tant à craindre, notamment, quand on a affaire à une urine riche en sels; **avant** l'action de la chaleur, au contraire, l'addition d'une quantité même minime de cet acide peut suffire à maintenir l'albumine dissoute.

Il est avantageux d'exécuter la réaction par la chaleur de la façon suivante. L'urine est chauffée jusqu'à ébullition et partagée en deux parties égales : à l'une de ces portions, on ajoute de l'acide nitrique qui augmentera le précipité s'il s'agit d'albumine, qui le dissoudra s'il est formé de phosphates; à l'autre moitié de l'urine, on ajoute de la potasse qui, elle, au contraire dissout l'albumine et augmente le précipité floconneux constitué de phosphates.

Lorsque la réaction de l'urine récente est **neutre ou alcaline**, l'albumine se trouve sous la forme d'albuminate alcalin; celui-ci ne se coagule point par la chaleur, et en chauffant une telle urine, on n'obtient aucun précipité, ou bien, surtout si la quantité d'albumine est très considérable et la quantité d'alcali proportionnellement insuffisante, on n'observe qu'un léger trouble laiteux.

Si, à cette urine, on ajoute après l'action de la chaleur, de l'acide nitrique jusqu'à réaction fortement acide, il se produit un précipité floconneux bien net. — Au lieu de cette addition d'acide nitrique après l'action de la chaleur, on peut, avant de la soumettre à cette influence, acidifier légèrement l'urine, au moyen de l'acide acétique. Mais, dans ce cas, il faut, comme nous l'avons dit à propos de l'urine acide, procéder avec une extrême prudence et n'ajouter le réactif très dilué, que goutte à goutte, en contrôlant constamment au moyen du papier de tournesol. Ces précautions sont d'autant plus nécessaires pour une urine alcaline que dans cette urine, ainsi que nous l'avons dit, l'albumine existe sous forme d'albuminate alcalin et, en présence d'un excès même insignifiant d'acide acétique, cette combinaison subit avec la plus grande facilité, une modification qui la rend incoagulable par la chaleur.

En somme, puisque l'acide acétique est un réactif si infidèle et qu'il n'est pas toujours possible de prévoir son action sur l'albumine, on fera bien de ne pas l'employer, si ce n'est dans des conditions exceptionnelles. Celles-ci ne se présentent, indépendamment de la circonstance indiquée dans l'observation de la page 59, que lorsqu'on a en vue d'obtenir une précipitation complète de l'albumine, soit pour soumettre celle-ci à la pesée, soit pour déterminer dans le filtrat d'autres substances, comme le sucre, l'urée. En pareil cas, l'acide nitrique ne peut être employé à cause de son action décomposante.

Les indications précédentes peuvent se résumer comme suit :

a) L'emploi de la chaleur suivi de l'addition d'acide nitrique peut être appliqué dans tous les cas.

b) L'emploi de la chaleur avec addition consécutive d'acide acétique et plus encore, avec addition préalable de cet acide, est un procédé incertain qu'il faut éviter, en règle générale.

2. Acide nitrique seul (réaction de Heller).

Dans un tube à réaction ou dans un verre à liqueur, on verse 3 à 4 cc. d'urine et on ajoute 2 cc. d'acide nitrique officinal en le faisant couler le long de la paroi du vase incliné. A cause de sa pesanteur, l'acide nitrique s'amassera au fond du récipient. A la surface de contact des deux liquides, l'albumine se séparera sous la forme d'un précipité discoïde, blanc-grisâtre, bien limité et d'une densité variable suivant la richesse de l'urine en albumine. L'opérateur verra ce précipité de la façon la plus nette sur un fond sombre, par exemple, en dirigeant alternativement le tube vers la fenêtre ou vers la manche sombre de son habit. Lorsqu'il n'y a que des traces d'albumine, le précipité ne se montre pas immédiatement, mais seulement au bout de quelques secondes ou de quelques minutes (voir plus loin). En même temps, il se produira à la limite de séparation des deux liquides une coloration violette qui est due à de l'indican décomposé (1). —

(1) Pour éviter, dans des recherches délicates, que les deux liquides ne se mélangent, on peut, au moyen d'une pipette, laisser l'acide nitrique s'écouler goutte à goutte le long de la paroi du tube incliné, ou bien porter l'extrémité de la pipette remplie d'acide au fond même du tube. Ces précautions ne sont point né-

Lorsque l'urine contient **beaucoup d'acide carbonique**, ou bien à l'état de liberté, ou bien sous forme de carbonate d'ammoniaque (urine décomposée), ou bien sous forme de carbonate de soude (après l'usage d'eaux minérales), l'addition d'acide nitrique déterminera une effervescence du liquide ou même la formation d'une écume considérable : en semblable occurrence, qu'on attende la fin de l'effervescence et bientôt, s'il y a de l'albumine, on apercevra nettement la réaction de ce corps.

La réaction par l'acide nitrique est sûre et extrêmement délicate : elle peut renseigner une proportion d'albumine même de 0,003 % : mais, dans ce cas, d'après *Brandberg,* la précipitation n'a lieu qu'au bout d'un certain temps. Outre sa sensibilité un peu plus grande, cette réaction offre encore sur la chaleur, l'avantage de pouvoir être employée indifféremment pour des urines acides, neutres ou alcalines. — Cependant, il y a également ici des circonstances qui peuvent prêter à l'erreur parce que l'albumine n'est pas la seule substance qui soit précipitée par l'acide nitrique.

On peut confondre :

a) Avec **les urates**. Comme l'albumine, ils forment un précipité blanc, amorphe ; mais, **ce précipité se produit non aux surfaces de contact de l'acide et de l'urine, mais plus haut dans le liquide**. Ce fait est très caractéristique et, même sans grande expérience, on peut, grâce à lui, éviter la

cessaires pour l'usage ordinaire : elles ne feraient que compliquer une méthode simple en elle-même. Il est fort avantageux de verser d'abord l'acide dans le vase et d'ajouter l'urine au moyen d'une pipette (voir plus loin, la méthode de *Brandberg*) ; l'urine plus légère surnage sans se mélanger aucunement à l'acide.

confusion. L'anneau formé par les urates n'est pas non plus aussi bien limité que celui de l'albumine : il est assez diffus, notamment à sa partie supérieure. Enfin, en chauffant avec précaution, le précipité des urates disparaît, ce qui n'a pas lieu pour l'albumine.

L'urine contient-elle de l'albumine et est-elle en même temps riche en urates? On verra se former deux anneaux dont le supérieur constitué d'urates est plus diffus et plus granuleux, tandis que l'inférieur, nettement limité, est constitué d'albumine. Ce que nous venons de dire n'est exact que pour les premiers moments qui suivent la réaction; plus tard, les précipités se répandent dans le liquide et il n'est plus possible de poser un diagnostic.

b) **Avec le nitrate d'urée** qui se sépare également à la surface de séparation des deux liquides. Mais, l'erreur est facile à éviter : le précipité a une apparence saline et cristalline et de plus, il ne se produit qu'à la longue.

Il faut encore remarquer que la précipitation des urates et du nitrate d'urée ne se fait généralement que dans l'urine concentrée : pour l'empêcher, il suffira de diluer l'urine avec deux ou trois fois son volume d'eau ou de chauffer légèrement l'urine, avant l'addition de l'acide nitrique.

c) **Avec les acides résineux** qui sont éliminés par l'urine à la suite de l'usage interne ou externe des balsamiques, tels que le copahu, la térébenthine (?), le styrax, le pétrole, etc. Ils se précipitent comme l'albumine, mais, ils s'en distinguent aisément par ce fait qu'ils se dissolvent de suite, par l'addition d'alcool concentré.

Les trois sources d'erreur que nous avons signalées

ne peuvent point constituer un inconvénient sérieux pour l'emploi de la réaction de *Heller*. En réalité, la confusion n'est guère possible qu'avec les acides résineux; on l'évitera aisément si on a l'attention dirigée sur elle. (Voir plus haut.)

Observation. — Dans le but d'éviter les désagréments que l'acide nitrique produit quand il vient en contact avec les doigts ou les vêtements, *Roberts* a dilué l'acide concentré avec cinq volumes d'une solution saturée de sulfate de magnésie et il a obtenu ainsi un « admirable albumentest ».

Lorsque la réaction par la chaleur ou la réaction de *Heller* sont exécutées avec les précautions nécessaires, elles suffisent amplement pour renseigner d'une façon indubitable sur la présence ou sur l'absence de l'albumine (1) et toutes les autres réactions sont, en réalité, superflues. Cependant, comme quelques-unes sont très bonnes et même particulièrement recommandables pour certains buts déterminés, nous ferons connaître très brièvement les plus importantes.

3. **Acide acétique et ferrocyanure de potassium.** On prend environ 5 cc. d'urine qu'on acidifie fortement par l'acide acétique et on ajoute alors quelques gouttes d'une solution de ferrocyanure de potassium. S'il y a de l'albumine en petite quantité, il se produit un trouble : si l'albumine est abondante, il se forme un précipité floconneux. L'absence de précipitation peut dépendre de ce que, pour des urines alcalines ou faiblement acides, la quantité d'acide acétique employée est insuffisante; l'addition d'une nouvelle quantité d'acide déterminera l'apparition du précipité. D'après *Huppert*, il y a, dans cette réaction, précipitation non seulement de l'albumine du sérum et de la globuline,

(1) On ne tient pas compte ici d'une proportion d'albumine inférieure à 0.003 %.

mais encore de l'hémialbumose : cependant, aucun élément normal de l'urine n'est précipité, ou du moins, l'acide urique mis en liberté par l'acide acétique, ne se dépose qu'à la longue.

Cette réaction est très sensible et l'emporte en exactitude, même sur celle de *Heller*, puisqu'elle permet de reconnaître jusque 0.002 % d'albumine (*Hofmeister*).

On peut en faire usage lorsque, avant de recourir à la chaleur, on a ajouté un excès d'acide acétique : en effet, dans cette réaction, même un excès d'acide acétique est sans inconvénient.

4. **Acide picrique** (trinitrophénol). Signalé d'abord par *Galippe*, ce réactif a été vivement recommandé dans ces derniers temps, par *Johnson*, en Angleterre.

A l'urine qui, d'après *Johnson*, ne doit pas être acidifiée, on ajoute quelques gouttes d'une solution aqueuse d'acide picrique saturée à la température ordinaire. L'apparition immédiate d'un précipité blanc, floconneux, indique la présence de l'albumine. Des troubles se produisant seulement après un certain temps, comme celui qui est dû aux urates, ne présentent aucune signification (1).

Il faut noter qu'outre les peptones, les substances résineuses, telles que le copahu, sont précipitées par l'acide picrique, de même que les alcaloïdes, la quinine, par exemple. D'après *Paget*, même après des doses de 5 centigr. seulement, on obtient un trouble, mais celui-ci disparait par la chaleur (2).

(1) Il est vrai que le précipité d'albumine, produit par l'acide picrique, apparait dès que le réactif arrive en contact avec l'urine, tandis que le précipité provenant d'urates ne se forme qu'après un certain temps. Mais, il arrive que ce temps soit tellement court qu'une confusion devient très facile. *Paget* a signalé cette cause d'erreur et je l'ai moi-même rencontrée quelquefois. Ainsi, il n'y a pas bien longtemps, chez un malade atteint de pneumonie, l'urine d'une densité de 1028, donnait presque immédiatement un précipité abondant par l'acide picrique. Mais, — c'est là en pareil cas un signe différentiel tout à fait concluant, — ce précipité se dissolvait entièrement sous l'action de la chaleur ; il s'agissait d'urates et non d'albumine. (*Note du traducteur*).

(2) Naturellement, l'apparition de la quinine dans l'urine et sa constatation par l'acide picrique ne dépend pas seulement de la

Johnson affirme qu'il n'existe dans l'urine « aucune autre substance que l'albumine qui, par l'addition d'une solution aqueuse, saturée d'acide picrique, donne un précipité **insoluble sous l'influence de la chaleur** » (1).

La réaction pratiquée comme il vient d'être dit, est en réalité très bonne et très commode : au contraire, l'emploi de l'acide picrique **en substance** dont on ajoute à l'urine quelques cristaux ou une petite quantité de poudre et qui est vanté comme un réactif **portatif** de l'albumine, ne peut guère être recommandé.

Il faut encore noter que *Esbach* utilise l'acide picrique pour une méthode pratique de dosage de l'albumine. (Voir plus loin).

5. **Acide acétique et sulfate de soude ou chlorure de sodium** (*Panum, Heynsius*).

On prend environ 5 c. c. d'urine qu'on acidifie fortement au moyen de l'acide acétique et on ajoute un volume égal d'une solution saturée de sel de Glauber ou de chlorure de sodium. Par l'action de la chaleur, toute l'albumine se séparera sous forme d'une masse blanche, floconneuse. Cette réaction a l'avantage de ne provoquer aucune décomposition des autres éléments de l'urine (par exemple le sucre, l'urée), de sorte que ceux-ci peuvent se retrouver dans le filtrat. Comme on peut partout se procurer de suite du vinaigre et du sel de cuisine, cette réaction convient très bien pour un premier examen.

6. **Acide métaphosphorique** (HPO^3, acide phosphorique

dose ingérée, mais surtout de la quantité absorbée. Je n'ai pas obtenu une seule fois la réaction de la quinine dans l'urine, sur un assez bon nombre de recherches faites à ce point de vue, chez des typhisés qui, le soir, prenaient 1 gramme et demi à 2 grammes. Au contraire, chez deux individus atteints de fièvre intermittente, tout le temps pendant lequel ils ont été soumis à la quinine (1 à 2 gr. par jour), l'urine donnait par l'acide picrique un trouble bien manifeste disparaissant par la chaleur. Sans doute, cette différence provient de la différence que présentent dans ces deux cas, l'état du tube digestif et son pouvoir d'absorption. (*Note du traducteur*).

(1) Si la mucine est parfois précipitée, cela dépendrait, suivant *Johnson*, des autres acides, par exemple, l'acide acétique, qu'on associe souvent à l'acide picrique.

vitreux (1)). La réaction repose sur ce fait que l'acide métaphosphorique comme l'acide nitrique, précipite l'albumine. Cette propriété était déjà connue de *Berzélius*, mais c'est seulement dans ces derniers temps qu'elle a été utilisée par *Hindenlang*.

La réaction se fait de la façon suivante : on prépare une solution, en tenant un bâtonnet d'acide dans un vase renfermant 3 à 4 c. c. d'eau : à l'urine contenue dans un verre pointu, on ajoute 1 à 2 c. c. de la solution. S'il y a de l'albumine et si sa proportion n'est pas trop minime (jusque 0.01 p. °/o), il se produira un trouble opalescent qui apparaît diffus ou qui, dans le cas où le mélange a été fait avec précaution, constitue un anneau gris-blanchâtre à la limite des deux liquides, de l'urine qui occupe le fond et de la solution acide moins dense qui surnage. Dans ce dernier cas, la réaction ressemble à celle de l'acide nitrique, mais ici, on ne constate point d'anneau coloré. — La solution acide doit être préparée fraîchement pour chaque examen, attendu qu'en solution aqueuse, l'acide métaphosphorique se transforme facilement en acide orthophosphorique qui ne coagule pas l'albumine.

L'acide métaphosphorique peut également être employé sous forme solide. On plonge le bâtonnet dans l'urine ; s'il y a de l'albumine, on voit se produire autour de lui un anneau d'albumine qui s'étend de plus en plus. — D'après les dernières recherches, cette réaction est très bonne, mais sous le rapport de la sensibilité, elle reste bien loin de la réaction de *Heller*, ou de la réaction par le ferrocyanure de potassium. De plus, au dire de *Dillner*, l'albumine n'est point la seule substance que précipite l'acide métaphosphorique : il précipite également les urates, mais seulement au bout d'un certain temps. Aussi, lorsque la réaction donne un résultat positif, est-il bon de la renouveler sur de l'urine diluée.

La valeur de cette méthode réside surtout dans la facilité de son exécution : on peut, sans difficulté, porter dans sa trousse l'acide métaphosphorique enfermé dans un étui de bois bien clos.

(1) Cet acide se vend sous forme de bâtonnets ; il se liquéfie très facilement, et à cause de cela, il doit être renfermé dans des vases parfaitement clos.

7. **Sublimé.** — Une solution de sublimé à 5 % donne un précipité blanc dans les urines albumineuses légèrement acidifiées par l'acide acétique. A part l'albumine, le sublimé ne précipite que la xanthine ; mais, d'abord, celle-ci n'existe qu'en infime quantité ; ensuite, à la différence de l'albumine, elle n'est pas précipitée par l'acide nitrique.

8. **Iodure mercuro-argentico-potassique.** — *Tanret* a recommandé le réactif suivant : sublimé 1.35, iodure de potassium 3.32 grammes, acide acétique glacial 20 c. c., eau q. s. pour 100 c. c. Cette solution qu'on ajoute goutte à goutte à l'urine non préalablement acidifiée, est assez sensible pour l'albumine : elle offre l'inconvénient de précipiter encore les alcaloïdes et les urates. Cette réaction a été également proposée pour le dosage de l'albumine (voir plus loin).

En trempant dans la solution ci-dessus indiquée des bandelettes de papier à filtrer, on obtient un réactif portatif d'une réelle valeur pratique. La préparation des papiers réactifs qui doivent être de deux sortes se fait de la manière suivante :

Pour la première espèce, on plonge dans une solution concentrée d'acide citrique, la quantité voulue de papier à filtrer, épais et de bonne qualité : on retire et on dessèche. Le second papier réactif est imprégné d'une solution de sublimé (environ 3 %), à laquelle on ajoute une solution d'iodure de potassium à 12-15 %. Pour se servir de ce réactif, on plonge dans l'urine une bandelette de chaque sorte et l'on secoue un peu le liquide afin d'absorber les réactifs.

Cette réaction, on le voit, est très commode ; mais, elle n'est pas absolument sûre. En effet, dans des urines très concentrées, mais exemptes d'albumine, on peut voir apparaître des dépôts d'urates : ces dépôts se distinguent aisément par leur solubilité sous l'action de la chaleur ; mais, si l'on est obligé de faire de pareilles recherches de contrôle, la méthode perdra beaucoup de sa simplicité. Aussi est-il préférable, comme nous le conseillions à propos de l'acide métaphosphorique, de diluer les urines chargées d'urates de moitié de leur volume ou même plus encore. Par la dilution, on ne risque pas de méconnaître la présence de l'albumine, car la réaction est très sensible et, suivant la remarque de *Penzoldt*, elle apparaît même plus nettement dans l'urine diluée que dans l'urine concentrée.

9. **Réaction de Roberts**. — *Roberts* se sert d'une solution saturée de **sel de cuisine** dans l'**acide chlorhydrique** dilué (5 % d'eau) : il verse cette solution par dessus l'urine. S'il y a de l'albumine, il se formera un anneau à la surface de séparation des deux liquides. Cette réaction est délicate, mais pas toujours sûre ; *Roberts* lui-même l'a fait observer et il attribue cette infidélité du réactif à la précipitation simultanée de mucine.

10. **Acide trichloracétique** (*Raabe*). — On dépose dans l'urine un fragment de cet acide cristallisé. Celui-ci gagne le fond du vase, s'y dissout et au point de contact des deux liquides, on constate une zône trouble, bien nette, bien limitée.

D'après *Penzoldt*, cette réaction n'est pas sûre. Non seulement dans les urines riches en urates, mais dans l'urine même parfaitement normale, il peut se produire un trouble, léger, à la vérité, mais pourtant bien perceptible, poussiéreux, ne disparaissant point par la chaleur.

On a encore conseillé :

11. **L'acide phénique**. — Seul ou associé à l'acide acétique (parties égales) ; en outre, l'**alcool** (*Méhu*), et enfin :

12. **Le tannin** (*Almén*). — Le tannin est le réactif le plus sensible de l'albumine ; mais, il n'est pas applicable à l'urine, attendu que, même dans l'urine normale, il donne lieu à des précipités.

Nous avons maintenant à signaler quelques réactions de coloration, plus ou moins caractéristiques et plus ou moins sûres :

13. **Réactif de Millon.** C'est une solution de nitrate mercureux et de nitrate mercurique, mélangée d'une petite quantité d'acide nitrique. En chauffant l'urine avec ce liquide jusque 60° à 100°, l'albumine se coagule en petites masses de coloration rougeâtre.

14. **Réaction du biuret**. On verse goutte à goutte dans l'urine, de la lessive de soude et une solution très étendue de sulfate de cuivre. Lorsque, par l'addition de la première goutte, le liquide prend une coloration allant du bleu-violet au rouge-violet, on ajoute successivement de nouvelles quantités de réactif jusqu'à ce que la couleur rouge-violet ait atteint son plus haut degré d'intensité. A cause de la cou-

leur jaune de l'urine, le résultat de cette réaction est souvent douteux.

15. **Réaction de l'acide xanthoprotéinique.** En chauffant rapidement l'urine additionnée d'acide nitrique en excès, on obtient une décomposition de l'albumine : celle-ci se transforme en partie, en un liquide jaunâtre, en partie, en petites masses de coloration jaune, qui se dissolvent dans les alcalis en prenant une teinte rouge-orange.

16. **Réaction d'Adamkievicz.** On ajoute à l'urine de l'acide acétique glacial en excès, puis de l'acide sulfurique concentré. S'il y a de l'albumine, on voit apparaître une belle couleur violette avec une légère fluorescence verdâtre.

D'après les recherches comparatives de mon collègue le Dr *Unger Vetlesen*, on peut exprimer graphiquement la sensibilité relative des diverses méthodes de la façon suivante : (Les colonnes noires, les plus hautes, indiquent le degré de sensibilité.)

Fig. 12.

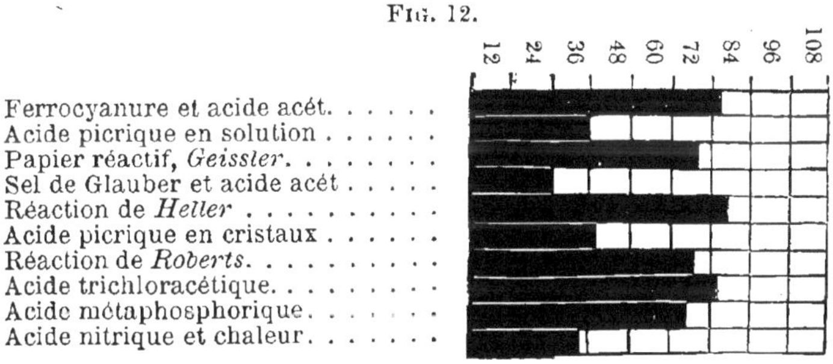

12 24 36 48 60 72 84 96 108

Ferrocyanure et acide acét. . . . . .
Acide picrique en solution . . . . . .
Papier réactif, *Geissler*. . . . .
Sel de Glauber et acide acét . . . . .
Réaction de *Heller* . . . .
Acide picrique en cristaux . . . . . .
Réaction de *Roberts*. . . . .
Acide trichloracétique. . . . .
Acide métaphosphorique. . . . . . .
Acide nitrique et chaleur. . . . . . .

Réactifs portatifs de l'albumine.

En raison de l'importance que présente la recherche immédiate de l'albumine au lit même du malade, on s'est beaucoup efforcé, dans ces derniers temps, de trouver un réactif pouvant servir dans ces conditions.

Les réactifs suivants conviennent le mieux :

1. **Papiers réactifs** (voir plus haut, iodure mercuro-argentico-potassique, page 70). Les papiers examinés par l'auteur et provenant de la *Schwanenapotheke* à Prenzlau,

et de la *Mohrenapotheke* à Ratisbonne, se sont montrés parfaitement utilisables. Il arrive assez souvent que les fibres du papier nagent au milieu du liquide ; par une observation attentive, on les distinguera aisément du trouble dû à l'albumine.

2. **Acide métaphosphorique.** Pour ces deux procédés, il est nécessaire, quand l'urine est concentrée, de répéter la réaction avec l'urine diluée. 3. **Acide picrique en solution.** 4. Tablettes (test pellets) constituées par un mélange de **ferrocyanure de potassium et d'acide citrique.** Au moment de s'en servir, on réduit en poudre une de ces tablettes et on l'arrose avec l'urine. Après qu'on a un peu secoué, s'il y a de l'albumine, il se produit un précipité ; ou bien, une opalescence nette, quand il n'en existe que des traces (*Pavy*). — Une méthode qu'il est presque toujours possible d'exécuter dans la clientèle privée est celle qui consiste dans l'emploi de la chaleur et l'addition à l'urine de vinaigre et d'une solution concentrée de sel de cuisine (voir plus haut).

Globuline (paraglobuline, substance fibrino-plastique). La globuline peut exister isolément dans l'urine (globulinurie) ; d'ordinaire, elle accompagne l'albumine du sérum. On l'a rencontrée notamment dans la cystite, dans la néphrite aiguë et dans le rein amyloïde. **La constatation de sa présence** se fait au moyen du sulfate de magnésie (*Hammarsten*) qui, parmi toutes les substances albuminoïdes, ne précipite que la globuline seule. On peut encore avoir recours au procédé que voici : l'urine est diluée jusqu'à une densité de 1002 et puis, pendant un espace de temps de 2 à 4 heures, on fait passer un courant lent d'acide carbonique qui, bulle par bulle, doit traverser tout le liquide. Le dépôt de globuline, qui n'est bien net qu'au bout de 24 à 48 heures, peut être dissous au moyen de quelques gouttes d'une solution concentrée de sel marin.

B. Analyse quantitative.

1. **Méthodes des pesées.** On mesure un volume d'urine tel que la proportion d'albumine ne dépasse pas 0,2 à 0,3 grammes, c'est-à-dire que si l'on a affaire à une

urine contenant une quantité moyenne d'albumine, on prendra 100 cc.; pour une urine plus riche en albumine, on prendra un volume moindre, et on diluera avec de l'eau pour obtenir 100 cc. L'urine est versée dans une capsule de porcelaine, placée sur une toile métallique et chauffée avec précaution, jusqu'à ébullition : pendant tout ce temps, il faut remuer le liquide au moyen d'une baguette de verre. Lorsque l'albumine ne se coagule pas en flocons bien nets, suspendus dans le liquide resté clair, on doit ajouter goutte à goutte de l'acide acétique fortement dilué en remuant le liquide, après l'addition de chaque goutte, juqu'à ce que la précipitation floconneuse s'établisse. Alors, au moyen d'une plume ou d'une baguette de verre revêtue à son extrémité d'un petit morceau de tube en caoutchouc, on fait passer le liquide sur un filtre exempt de matières inorganiques, desséché à 120-130°. Le précipité est lavé à l'eau chaude jusqu'à ce que l'eau de lavage ne donne plus aucune réaction de chlorures; ensuite, on enlève l'eau par un lavage à l'alcool fort. Le filtre et son contenu sont portés dans l'armoire à dessiccation, desséchés à 120-130° et pesés, jusqu'à ce que le poids reste constant. En déduisant du chiffre obtenu, le poids des verres de montre, de la pince et du filtre sec, on a la quantité d'albumine contenue dans le volume d'urine employé.

Cette méthode, qui est une des plus anciennes, est aussi une des plus sûres, du moins quand il s'agit de faibles quantités d'albumine. Malheureusement, elle suppose une certaine habitude des manipulations chimiques, et elle réclame beaucoup plus d'appareils que le médecin n'en a d'ordinaire à sa disposition : aussi, son emploi ne pourra-t-il jamais se généraliser. — Depuis longtemps, on a cherché une voie plus facile pour arriver au but : l'attention s'est portée principalement sur la mensuration de la hauteur du sédiment formé. Partant de ce point de vue, on a appliqué la réaction par la chaleur à une méthode de dosage approximatif. A cet effet, on laisse le sédiment obtenu dans l'urine, soumise à la chaleur ou additionnée d'acide nitrique, d'acide acétique, se déposer tranquillement et, après un certain temps, d'ordinaire après 24 heures, on mesure la hauteur du dépôt formé. Une longue série d'essais, pratiqués toujours sur la même quantité de liquide, et avec les mêmes tubes à réaction, pourra donner des renseignements assez utiles. En réalité pourtant, ce procédé n'est pas du tout satisfaisant, et le Dr *Esbach* a réalisé un véritable progrès en indiquant une méthode qui fournit des résultats relativement exacts et dont l'exécution n'offre pas de difficulté.

2. **Méthode d'Esbach.** Cette méthode repose sur ce fait que l'acide picrique précipite l'albumine, à la température ordinaire. D'après *Esbach*, le précipité, se produisant dans des conditions toujours identiques, se déposera également toujours de la même façon, et au bout d'un certain temps, il atteindra une hauteur déterminée.

L'appareil dont on se sert, appelé **l'albuminimètre** (1) (fig. 13), ressemble, pour la forme et la dimension, à un tube à réaction ordinaire; seulement, ses parois sont plus épaisses, plus solides et elles portent une échelle gravée indiquant la hauteur atteinte par le dépôt. Les intervalles entre les traits de division augmentent à mesure qu'ils se rapprochent de l'extrémité ouverte du tube et cela, afin de tenir compte de cette circonstance que la pression exercée par les couches supérieures du sédiment sur les couches profondes, est d'autant plus forte, que la masse totale du sédiment formé est plus considérable. La construction de l'échelle graduée repose sur une série d'essais institués dans ce but; elle est l'élément essentiel d'où dépend avant tout l'exactitude du procédé.

Le réactif employé est préparé avec 10 gram. d'acide picrique chimiquement pur, et de 20 gram. d'acide citrique chimiquement pur, desséché à l'air, que l'on dissout dans 8 à 900 cc. d'eau. Après refroidissement à 15° environ, on

(1) On peut se le procurer chez BREWER FRÈRES, rue Saint-André-des-Arts, à Paris, ou encore à Leipsig, chez F. HUGERSHOFF.

ajoute à la solution une quantité suffisante d'eau pour obtenir un volume total de 1000 cc.

Fig. 13.

Le mode d'exécution est le suivant : d'abord, on verse dans l'albuminimètre de l'urine acide ou additionnée d'acide acétique jusqu'à la marque U, puis, on ajoute du réactif en quantité suffisante pour remplir l'appareil jusqu'à la marque R. On mélange ensuite avec précaution les deux liquides sans les agiter, en fermant l'ouverture du tube avec le pouce et en retournant alors complètement l'appareil un certain nombre de fois (environ 10 fois). Cela fait, on ferme soigneusement l'instrument au moyen d'un bouchon de caoutchouc et on le laisse reposer pendant 24 heures, dans la position verticale, à l'abri de toute secousse. On lit sur l'échelle la hauteur du sédiment. Le chiffre constaté indique la quantité d'albumine en grammes et par litre d'urine. L'échelle ne dépasse pas 7 (pour mille). Ainsi, quand il s'agit de quantités d'albumine plus élevées que 0,7 %, il faut diluer l'urine; cette dilution doit se faire chaque fois qu'un essai préalable, au moyen de la réaction de *Heller*, par l'acide nitrique, a montré que l'urine est fort riche en albumine. L'appareil n'est pas disposé pour doser des quantités inférieures à 0,1 %; d'ailleurs, quand il s'agit d'aussi faibles proportions, le dosage n'offre, pour le médecin, qu'une importance accessoire.

On recommande de mélanger l'urine et le réactif sans les secouer : l'agitation du liquide donnerait lieu à la production de bulles d'air, qui s'attachent aux flocons d'albumine, et qui, de cette façon, maintiennent une partie de l'albumine en suspension dans le voisinage de la surface. De grosses bulles isolées peuvent être éloignées au moyen d'une baguette de verre ou de bois. Il arrive cependant, quelquefois, que l'albumine ne gagne pas le fond, ou bien qu'au lieu de former un sédiment dense et compacte, comme il doit être, le précipité soit mou et irrégulier. Dans les deux cas, le dosage est manqué et doit être recommencé. Très exceptionnellement et sans qu'on puisse s'expliquer le fait d'une façon satisfaisante, il arrive, malgré des essais répétés et malgré l'observation de toutes les règles indiquées, que l'opération échoue constamment; on est alors obligé de recourir à d'autres méthodes. Il est possible déjà, après quelques minutes, de prévoir si la réaction réussira ou non; dans la première alternative, à la partie tout à fait supérieure du liquide lactescent se forme une bande étroite, transparente et le précipité commence à gagner le fond.

Pour apprécier le degré d'exactitude de ce procédé, *Graff*, dans notre pays, a fait des examens comparatifs avec l'albuminimètre et le polarimètre, et il a constaté que l'écart entre les résultats fournis par ces deux moyens atteignait à peu près 0,1 à 0,2 %. En Danemark, par des analyses doubles, *Budde*, n'a trouvé comme chiffre de l'erreur moyenne que 0,038 %, et, en Angleterre, *Veale* a reconnu une concordance très satisfaisante avec les résultats fournis par la méthode des pesées.

L'auteur peut aussi recommander, au médecin praticien, la méthode d'Esbach comme un procédé très utile. Les reproches qu'on lui adresse ne sont point justifiés par l'expérience; quant à l'inconvénient de ne pouvoir obtenir le résultat que le jour suivant, il est amplement compensé par l'extrême facilité du procédé. Il faut espérer que cette méthode contribuera à donner plus d'extension, dans la pratique journalière, au dosage de l'albumine.

Observations. 1. Primitivement, on devait tenir compte de la densité de l'urine, en ce sens, que si elle dépassait 1007 à 1008, il fallait diluer l'urine dans une proportion déterminée; par exemple pour un poids spécifique de 1014 à 1016, on diluait de façon à obtenir un volume double et le chiffre indiqué par l'échelle était multiplié par le degré de la dilution. L'échelle des nouveaux albuminimètres a été transformée de façon à rendre superflue cette dilution qui allongeait l'opération. La composition du réactif était à l'origine également différente.

2. Il convient de rappeler que, outre l'albumine et les peptones, l'acide picrique précipite encore les alcaloïdes, notamment la quinine et les acides résineux (voir p. 67).

3. **Réaction de Heller par l'acide nitrique.** — Les caractères de l'anneau albumineux formé à la limite de l'acide nitrique et de l'urine, notamment sa densité, à un

moindre degré, sa hauteur peuvent servir, d'après *Ultzmann*, à donner une idée de la quantité relative d'albumine.

Lorsque le précipité est très faible, d'une coloration blanc-bleuâtre et complètement transparent quand on le regarde de dessus (pour une hauteur de 1 à 2 millim.); la proportion d'albumine est faible (0,003 à 0,05 %); on dit qu'il en existe « des traces ». Le dépôt est-il plus abondant, (d'une hauteur de 2 à 4 millim.), mais encore complètement divisé en fines particules, peu compacte et en partie transparent, en partie nuageux, quand il est vu d'en haut, on peut évaluer le contenu d'albumine, à 0,1 % environ : en tout cas, il ne dépasse pas 0,3 %. Si, au contraire, le sédiment est épais, compact (d'une hauteur de 4 à 6 millim.) et opaque, quand il est vu d'en haut, on a affaire à une assez notable quantité d'albumine environ 0,5 %. Pour l'urine qui contient une quantité d'albumine supérieure à 0,5 %, ce mode d'évaluation est difficile ou même impossible. Il sera bon, en pareil cas, de diluer l'urine du double ou plus encore et d'opérer sur cette urine étendue. Le procédé que nous venons d'indiquer convient très bien pour l'usage clinique d'autant plus que la réaction de Heller est fréquemment choisie pour la recherche qualitative; mais, il va sans dire que l'évaluation pratiquée d'après cette méthode, est tout à fait approximative.

2. *Brandberg* a appliqué la réaction de *Heller* à une méthode approximative dans laquelle la proportion d'albumine est estimée d'après le degré de dilution nécessaire pour faire apparaître, au bout d'un certain temps, l'anneau d'albumine avec une netteté minimum, suffisante à le faire reconnaître.

Les expériences de *Brandberg* ont montré que la réaction de *Heller* se produit :

a) Immédiatement dans une solution d'une partie d'albumine sur 10,000 d'eau (0,01 %).

b) Au bout de 1/4 à 1/2 minute, dans une solution de 1 sur 20,000 (0,005 %).

c) Au bout de 1 1/2 minutes, dans une solution de 1 sur 25,000 (0,004 %).

d) Au bout de 2 1/2 à 3 minutes, dans une solution de 1 sur 30,000 (0,0033 %).

e) Au bout de 4 minutes environ, dans une solution de 1 sur 35,000 (0,0028 %).

L'avant dernier essai sert de base à la méthode dont il s'agit.

Cette méthode se pratique de la façon suivante :

L'urine albumineuse est diluée avec neuf fois son volume d'eau (urine au 1/10), et le mélange est ensuite soumis à la réaction de Heller; pour cela, on verse un peu d'acide nitrique dans un verre pointu et au moyen d'une pipette fine, on ajoute de l'urine avec précaution, goutte à goutte de façon à éviter le mélange des deux liquides. Si, au bout de trois minutes, on ne voit pas d'anneau d'albumine à la surface de séparation, on peut en conclure que la quantité d'albumine renfermée dans l'urine diluée, ne dépasse pas 0,003 %; et, par conséquent, que dans l'urine pure, elle n'est pas supérieure à 0,03 %; si, au contraire, la réaction s'établit avant l'expiration des 3 minutes, il faut encore diluer le mélange, en suivant les règles indiquées par *Brandberg* : on prend 5 verres : dans chaque verre, on verse d'abord 2 cc. du mélange primitif (urine au 10e); en outre, dans le premier verre, on verse 4 cc. d'eau, dans le second 13, dans le troisième 28, dans le quatrième 43, et enfin, dans le cinquième 58 cc. d'eau. Aux mélanges ainsi préparés, on ajoute de l'acide nitrique avec les précautions indiquées plus haut; si un de ces mélanges donne la réaction dans l'espace de 2 1/2 à 3 minutes, on sait que la proportion d'albumine qui y est contenue est de 1 sur 30,000 (0,0033 %). Comme on connaît le nombre de centimètres cubes d'eau ajoutés, il est facile de calculer la quantité d'albumine renfermée dans l'urine au moyen de la formule :

$$2 \times 0{,}1 \times x = (a + 2) \times 0{,}0033$$

dans laquelle a représente le nombre de cc. d'eau ajoutés.

Pour éviter ces calculs qui prennent du temps, *Brandberg* a construit le tableau suivant qui indique immédiatement la proportion d'albumine pour cent, lorsque l'on sait combien il a fallu ajouter de cc. d'eau aux 2 cc. d'urine au dixième, pour obtenir la réaction de *Heller* dans l'espace de trois minutes.

Cc. d'urine au dixième.	Cc. d'eau.	Albumine pour 100.
2 +	1	= 0.05
2 +	4	= 0.10
2 +	8	= 0.15
2 +	10	= 0.20
2 +	13	= 0.25
2 +	16	= 0.30
2 +	19	= 0.35
2 +	22	= 0.40
2 +	25	= 0.45
2 +	28	= 0.50
2 +	31	= 0.55
2 +	34	= 0.60
2 +	37	= 0.65
2 +	40	= 0.70
2 +	43	= 0.75
2 +	46	= 0.80
2 +	49	= 0.85
2 +	52	= 0.90
2 +	55	= 0.95
2 +	58	= 1.00
2 +	61	= 1.05
2 +	64	= 1.10
2 +	67	= 1.15
2 +	70	= 1.20
2 +	73	= 1.25
2 +	88	= 1.30

Hammarsten a fait des expériences de contrôle au moyen des pesées et il a constaté que, par cette méthode, si on en a un peu l'habitude, on obtient des résultats dont l'erreur ne dépasse pas en moyenne 0.05 %.

4. **Polarisation.** Cette méthode qui se fonde sur le pouvoir que possède l'albumine, de dévier le plan de polarisation à gauche, convient parfaitement lorsqu'il s'agit d'assez fortes quantités d'albumine (0,5 % et au-delà) et qu'on a

affaire à une urine bien claire et non trop concentrée : les résultats qu'elle fournit sont exacts ; on peut l'exécuter rapidement et sans difficulté. Pour des proportions d'albumine qui n'arrivent pas à 0,5 °/₀, et ce sont celles qu'on rencontre le plus souvent, ainsi que dans les cas où l'urine n'est pas claire et où elle a un aspect foncé, la polarisation ne peut pas être conseillée.

D'ailleurs, en raison de son prix élevé, l'appareil se trouvera plus rarement dans les mains du praticien que dans les laboratoires et les hôpitaux.

A côté de la polarisation, nous mentionnerons

5. **L'analyse diaphanométrique** de *Vogel* qui repose sur le même principe que le procédé d'analyse du lait également imaginé par cet auteur.

6. **Iodure mercuro-argentico-potassique.** On emploie, d'après les indications de *Tanret*, une solution de 1 gr. 35 de sublimé et de 3 gr. 22 d'iodure de potassium dans 100 parties d'eau (voir p. 68). Avec une pipette qui donne des gouttes de 5 centigr., on laisse tomber cette solution dans 10 cc. d'urine acidifiée avec 2 cc. d'acide acétique, jusqu'à ce qu'on ne remarque plus d'augmentation du trouble : on cherche alors si le liquide contient déjà de l'iodure de potassium. A cet effet, on mélange dans une capsule de porcelaine une goutte de solution de sublimé et une goutte du mélange titré : dès que se produit une coloration jaune-rougeâtre, la précipitation de l'albumine est complète. Les essais qui ont été faits ici, dans le laboratoire de pathologie, par notre collègue, le Dr *F. G. Gade*, tendent à démontrer que cette méthode est peu sûre : en tous cas, au point de vue de la facilité d'exécution, le procédé d'*Esbach* mérite certainement la préférence. Nous avons déjà dit que le réactif de *Tanret*, précipite également les alcaloïdes ainsi que les urates, dans les urines concentrées.

PEPTONES.

Les recherches qui ont été faites jusqu'à présent et qui sont loin d'être terminées, établissent que, à l'état pathologique, les peptones se rencontrent fréquemment dans l'urine, soit isolés, soit associés à l'albumine ordinaire. On en a constaté la présence, notamment dans les maladies qui s'accompagnent d'une production abondante d'exsudat purulent (contenant des peptones), comme l'empyème, certains cas de pneumonie croupale, les abcès profonds, etc., surtout lorsque la résorption est déjà établie. Le sang se charge de peptones et ceux-ci étant relativement assez diffusibles, passent dans l'urine (peptonurie **pyogène** de *von Jaksch*). On a observé la peptonurie dans le rhumatisme aigu, dans l'empoisonnement par le phosphore, l'anémie pernicieuse, le scorbut, etc. (peptonurie **hématogène** de *von Jaksch*). Dans ces derniers temps, on l'a également constatée dans le carcinome de l'estomac et dans la fièvre typhoïde (peptonurie **entérogène** de *Maixner*). En outre, *Fischel* a signalé récemment une peptonurie **puerpérale** et *Otto Küstner* a trouvé des peptones dans l'urine chez une malade ayant un kyste de l'ovaire rompu.

La recherche des peptones n'offre guère d'importance pratique actuellement; mais, à cause du grand intérêt que cette question présente au point de vue scientifique, nous indiquerons cependant la méthode à suivre pour cette recherche. Les peptones ne sont point précipités par les réactifs ordinaires de l'albumine (chaleur, acide nitrique, etc.), mais bien par le tannin et les solutions chlorhydriques légères d'acide phospho-tungstique et phosphomolybdique. En outre, le réactif de Millon donne une coloration rouge, la potasse et le sulfate de cuivre une coloration rouge-violette (réaction du biuret); en chauffant avec l'acide nitrique, on obtient la réaction de l'acide xanthoprotéique. Comme ces dernières réactions s'appliquent aussi à l'albumine (1), l'urine dans laquelle on veut constater la présence des peptones doit être absolument exempte de tout mélange d'albumine. Le procédé de recherche le plus sûr est **la réaction du biuret** que nous avons signalée tout à l'heure. On l'applique de la façon suivante : on rend l'urine alcaline par la lessive de soude et on y ajoute goutte à

(1) On a indiqué comme différence entre la réaction du biuret pour l'albumine et cette même réaction pour les peptones une coloration plutôt bleue, quand il s'agit d'albumine et une coloration plutôt rouge, quand il s'agit de peptones; des recherches récentes ont démontré que cette différence n'est pas réelle. D'après *Huppert*, la nuance de coloration dépend surtout de la concentration de la solution albumineuse et de la quantité de sel de cuivre ajouté.

goutte une solution très étendue de sulfate de cuivre. Lorsque, par l'addition de la première goutte, le liquide prend une teinte rougeâtre, on continue jusqu'à ce que la couleur rouge-violet ait acquis son plus haut degré d'intensité. Cette coloration est très nette lorsqu'il s'agit d'une solution aqueuse de peptones : elle peut manquer dans l'urine dont la couleur jaune efface la teinte souvent assez peu prononcée due aux peptones. Aussi, sera-t-il parfois nécessaire d'isoler ceux-ci : on y arrivera en suivant la méthode d'*Hofmeister*.

Après avoir précipité et après avoir éloigné par filtration toute l'albumine qui peut se rencontrer dans l'urine, on ajoute à celle-ci une solution concentrée de **tannin**, aussi longtemps qu'il se produit un précipité. On laisse le liquide et le précipité pendant 24 heures au repos : puis, on sépare le dépôt par filtration et on le lave soigneusement avec de l'eau additionnée d'un peu de tannin et de sulfate de magnésie. Le précipité est mis ensuite dans une capsule de porcelaine et mélangé intimement avec une solution saturée de **baryte** et quelques morceaux de baryte : on chauffe le tout, pendant quelques minutes, jusqu'à ébullition et on filtre. Le filtrat est fortement secoué à l'air jusqu'à ce qu'il se décolore ou qu'il devienne d'une teinte légèrement jaunâtre. Si maintenant, on y ajoute quelques gouttes d'une solution diluée de **sulfate de cuivre** (1 %), dans le cas où il y aurait des peptones, on obtiendra la réaction du biuret. — Le précipité d'hydroxyde de cuivre n'empêche pas la réaction parce qu'il gagne rapidement le fond du vase : on peut très distinctement reconnaître la coloration rouge dans le liquide limpide qui se trouve au-dessus du précipité. D'après *Hofmeister*, il ne faut pas filtrer pour éloigner ce précipité. — En ajoutant à l'urine, préalablement acidifiée, du **phospho-tungstate de soude,** on abrège notablement la recherche des peptones. L'urine débarrassée d'albumine est additionnée de 1/10e de son volume d'acide chlorhydrique concentré, puis portée sur le filtre et lavée avec de l'eau renfermant 3 à 5 % d'acide sulfurique. Le filtrat est intimement mélangé à de la baryte, additionné d'un peu d'eau et soumis à une douce chaleur jusqu'à ce que la masse verte d'abord, ait pris une teinte jaunâtre. Le filtrat sert à la réaction du biuret.

Lorsque l'urine contient de la **mucine** (c'est-à-dire, lorsqu'elle se trouble sous la seule action de l'acide acétique), il est bon d'éloigner d'abord celle-ci par l'acétate neutre de plomb : on obtiendra en même temps la décoloration de l'urine. Quand on a affaire à des urines pathologiques, *Hofmeister* conseille de précipiter toujours au préalable la mucine.

HEMIALBUMOSE *(Kühne)*.

On l'appelle encore **propeptone.** Ce corps se forme constamment pendant la digestion des matières albuminoïdes dans l'estomac, et il constitue, comme son nom l'indique, un intermédiaire entre l'albumine et les peptones.

Bence-Jones l'a trouvé dans l'urine d'un ostéomalacique ; *Kühne* et, plus tard, *Salkowsky* ont fait des études suivies sur sa présence dans l'urine.

Dans ces derniers temps, l'hémialbumose a été plusieurs fois constatée dans l'urine; ainsi, *Leube* l'a trouvée dans un cas d'albuminurie avec **urticaire;** *Neale* dans l'**hémoglobinurie;** *von Jaksch* dans un cas de **tuberculose** avec néphrite et péritonite, etc.

L'hémialbumose présente à peu près toutes les réactions de l'albumine; elle s'en distingue par ce fait qu'elle n'est point précipitée par la chaleur et que les précipités d'hémialbumose produits par les divers réactifs, se dissolvent par la chaleur.

FIBRINE.

Abstraction faite des cylindres dits fibrineux et dont la nature chimique n'est pas encore bien établie, on rencontre parfois la fibrine dans l'urine, notamment à la suite d'inflammations intenses des reins ou des voies urinaires (par exemple, dans **l'empoisonnement par les cantharides**); elle se présente en masses plus ou moins volumineuses ou en coagulations d'aspect gélatineux. Il arrive que l'urine soit limpide au moment de son émission et que la fibrine ne se sépare qu'après un temps plus ou moins long : la coagulation peut, du reste, se produire déjà dans les voies urinaires.

MUCINE.

L'urine normale contient de faibles traces de mucine, qui est sécrétée par les muqueuses des voies urinaires. La présence du mucus ne peut pas être constatée immédiatement après l'évacuation de l'urine : elle ne se manifeste qu'à la suite d'un repos prolongé, formant ce qu'on appelle la nubecula, c'est-à-dire un léger nuage qui, d'abord suspendu au milieu du liquide, finit par en gagner le fond. A cause du mélange du mucus vaginal à l'urine, la nubecula est plus prononcée chez la femme que chez l'homme. Le mucus de l'urine normale ne se trouve pas à l'état de solution ; il peut donc être éloigné par filtration. La couche de mucus abandonnée sur le filtre forme, après dessiccation, un revêtement lisse ayant l'apparence d'un vernis.

L'augmentation de la quantité de mucus se rencontre dans **toutes les affections catarrhales des voies urinaires,** ainsi que **dans les maladies fébriles** en général. Lorsque la réaction de l'urine est alcaline, par exemple en cas de cystite, des quantités relativement assez considérables de mucus peuvent être maintenues en solution.

Recherche de la mucine. L'action de la chaleur seule ne détermine pas de coagulations ; au contraire, l'addition d'acide acétique à froid aussi bien qu'à chaud, précipite le mucus sous forme de flocons assez volumineux ou de filaments qui ne disparaissent point par un excès d'acide. Les acides minéraux fortement étendus produisent aussi un précipité ; mais, celui-ci se dissout dans un excès du réactif. L'acétate de plomb basique précipite complètement la mucine. A l'**examen microscopique**, on voit de nombreux filaments de mucus avec des cellules épithéliales de la vessie surtout et quelques cellules rondes ou corpuscules muqueux. Ces filaments deviennent plus apparents par l'action de l'acide acétique et offrent assez souvent une certaine ressemblance avec les cylindres hyalins (voir plus loin). En général, la constatation de la mucine se fait sans difficulté : cependant, une urine chargée d'urates peut prêter à l'erreur, en ce sens que l'addition d'acide acétique y provoque parfois un précipité également insoluble dans un excès. Mais, on le distinguera aisément de la mucine parce qu'il disparaît par la chaleur : d'ailleurs, on évitera sa production si, avant d'ajouter l'acide acétique, on dilue l'urine avec de l'eau à moitié de son volume ou encore plus fortement.

PUS.

Le pus se montre principalement dans les fortes inflammations des muqueuses (catarrhes purulents). Lorsqu'il se présente **en fortes quantités, évacuées en peu de temps,** on doit songer avant tout à l'existence d'un abcès situé dans les organes voisins ou dans le tissu cellulaire du bassin qui a évacué son contenu dans les voies urinaires. Chez la femme, l'urine peut être mélangée de pus provenant du vagin ou de l'utérus.

FIG. 14.

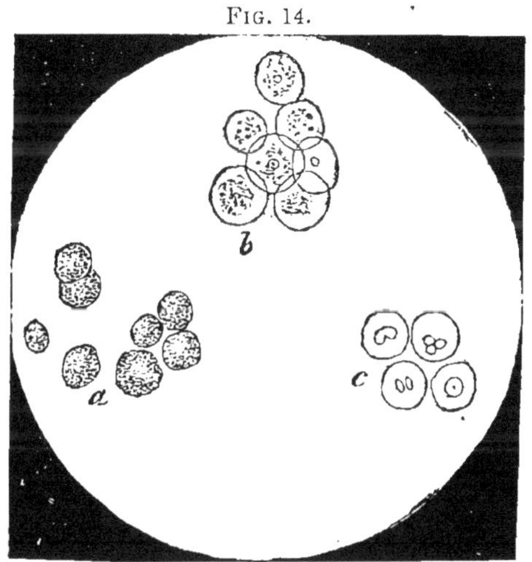

a) Cellules rondes normales.
b) Id. dans une urine alcaline.
c) Id. après addition d'acide acétique.

L'urine, renfermant du pus, est trouble, ordinairement pâle, sale, gris-jaunâtre : elle présente un sédiment plus ou moins considérable, dense, grisâtre qui, **au microscope**, se montre principalement constitué de **cellules rondes** ou cellules de pus (fig. 14 *a*). Celles-ci ont le même aspect que les cellules de mucus, rondes, environ deux fois aussi grandes que les globules rouges du sang, avec un contenu entièrement granuleux. Les granulations cachent le noyau : celui-ci occupe le centre de la cellule, il est unique ou double. Il se voit nettement après addition d'acide acétique qui fait disparaître les granulations (fig. 14 *c*). — Quand l'urine purulente est ammoniacale, ce qui est fréquemment le cas, le sédiment forme une masse visqueuse, d'apparence muqueuse, s'étirant en filaments; parfois, elle est tout à fait transparente et alors, toutes ses parties adhèrent si intimement les unes aux autres qu'on peut la verser hors du vase, comme une masse gélatiniforme, cohérente. Dans ces conditions, par suite de l'action du carbonate d'ammoniaque, les cellules rondes ont subi une modification importante. Elles sont devenues claires, vitreuses; les contours sont effacés et les noyaux ne se reconnaissent qu'avec peine (fig. 14 *b*); en outre, on trouve ordinairement de nombreux cristaux de phosphate ammoniaco-magnésien et d'urate ammonique. Sans parler du microscope, la recherche du pus se fait en général par l'addition d'une lessive de potasse concentrée, à la suite de laquelle il se forme un liquide épais, gommeux, filant.

Dans l'uréthrite chronique, il se mêle à l'urine des masses purulentes, des filaments, des lambeaux qu'on appelle les filaments de la chaude-pisse. D'après *Ultzmann*, ces filaments ne sont pas préformés : ils sont un produit artificiel dû au jet de l'urine. Examinés au microscope, ils présentent, à côté de rares cellules épithéliales, principalement des cellules du pus qui s'agglutinent les unes aux autres pour former une sorte de coagulum.

Dans la réaction de *Donné,* au moyen de la potasse, on ajoute au sédiment un petit morceau de potasse caustique et ensuite, avec une baguette de verre, on remue le liquide pendant quelques minutes. Si le sédiment est formé de pus, il perdra peu à peu sa coloration grisâtre pour devenir jaunâtre d'abord, puis un peu vert et finalement, il constituera une masse compacte, cohérente qui ressemble de tous points à celle qui se produit spontanément dans l'urine ammoniacale.

Observation. Récemment, des auteurs américains ont recommandé **l'eau oxygénée** comme un réactif du pus. Quelques gouttes de ce liquide versé dans une urine purulente déterminent une effervescence (due à l'oxygène) aussi intense que celle qu'on obtient par l'action de l'acide chlorhydrique sur des carbonates. L'auteur a essayé cette réaction à plusieurs reprises et il doit lui reconnaître une grande sensibilité; pourtant, elle n'est pas absolument sûre. Le sang provoque la même effervescence, mais, à la vérité, l'aspect de l'urine sanglante est assez caractéristique. Ce qui est plus grave, c'est que le dégagement de gaz, moins intense à vrai dire, se fait aussi dans une urine normale, exempte de pus, lorsque celle-ci a séjourné assez longtemps au dehors et que par suite, elle a été envahie par les bactéries.

D'ordinaire, le pus est facile à reconnaître, surtout si on recourt au microscope. Quelquefois, on peut le confondre :

1. Avec **le mucus** (mucine). Pourtant, l'aspect du mucus est généralement assez caractéristique : en effet, il forme un dépôt peu cohérent, nuageux, floconneux, à moitié transparent; en outre, en raison de sa faible densité, il reste assez longtemps suspendu dans le liquide. Au contraire, le pus est épais, opaque, gris-blanchâtre, relativement lourd, ce qui fait qu'il gagne assez rapide-

ment le fond. De plus, par l'addition de potasse, le mucus ne donne pas un liquide épais, homogène, vitreux, mais un liquide mobile, mélangé de flocons. — Lorsque l'urine est alcaline (par exemple dans la cystite), le pus peut prendre à la vérité, un aspect muqueux, mais **cette urine donnera toujours la réaction de l'albumine, tandis que, sous ce rapport, le mucus fournira un résultat entièrement négatif. — Au microscope**, le mucus se montre formé principalement par des filaments qui apparaissent d'une façon très nette par l'addition d'acide acétique et en outre, de quelques cellules rondes assez clair-semées.

Celles-ci ne se distinguent aucunement des cellules du pus; mais, le nombre de ces éléments est bien différent dans les deux cas : relativement rares dans le sédiment de mucus, ils sont extrêmement nombreux dans le pus.

D'ailleurs, il faut remarquer que la limite entre le pus et le mucus n'est pas absolument tranchée; ainsi, les urines purulentes contiennent souvent en même temps des quantités plus ou moins considérables de mucus.

2. Avec **les phosphates.** Le dépôt de phosphates peut présenter une certaine ressemblance extérieure avec le pus; mais il se dissout facilement par quelques gouttes d'acide acétique.

3. Avec **les urates.** Le dépôt d'urates se dissout à une chaleur modérée.

Ici se présente une question d'une grande importance pratique : l'albumine constatée dans l'urine provient-elle uniquement du pus ou bien dépend-elle en partie d'une albuminurie ayant sa source dans les reins? La solution de cette question est une affaire d'habitude et dans les cas bien prononcés, elle n'offre pas grande difficulté. Le pus, en effet, ne contient qu'une proportion relativement faible d'albumine.

Cette circonstance étant connue, quand on est en présence d'une urine renfermant peu d'albumine (environ 0.1 %) et un sédiment considérable de pus, ou bien, quand il s'agit d'une urine avec une notable proportion d'albumine (par exemple 0. 5 %) et une petite quantité de pus, l'hésitation n'est pas possible. Dans les cas intermédiaires, il sera souvent bien difficile ou même impossible de trancher la question. En pareille occurrence, il sera nécessaire de pratiquer un examen microscopique soigneux, afin de rechercher si le sédiment ne renferme pas, outre les cellules rondes, des éléments provenant du rein, en particulier des cylindres. — Il va sans dire que les symptômes cliniques pourront également servir à décider la question.

SANG.

L'urine sanglante, l'hématurie se présente sous deux formes distinctes :

a) On a, d'une part, l'**hématurie** proprement dite dans laquelle l'urine renferme un nombre de globules rouges correspondant à l'intensité de couleur que le sang a donnée à l'urine.

b) D'autre part, on a l'**hémoglobinurie** dans laquelle l'urine ne contient pas du tout de globules rouges, ou en renferme un nombre très peu considérable et tout à fait disproportionné eu égard à la couleur rouge souvent très marquée de l'urine.

A. **Hématurie.**

L'urine présente une coloration nette de sang, ou bien, elle a une teinte brunâtre, avec une nuance verdâtre (voir plus haut p. 8); en outre, elle est opaque et par le repos, elle abandonne un sédiment rouge-grisâtre ou brun-grisâtre, marc de café.

Pour constater la présence du sang, on a recours aux procédés suivants :

1. *Réaction de Heller.*

On prend quelques centimètres cubes d'urine auxquels on ajoute de la lessive de soude jusqu'à forte réaction alcaline ; ensuite, on chauffe jusqu'à ébullition. S'il y a du sang, le liquide prend une coloration vert-bouteille : les phosphates se précipitent en flocons ténus, entraînent la matière colorante du sang et prennent une couleur rouge-grenat ou plus exactement, une coloration brun de rouille. La solution de la matière colorante du sang dans l'alcali est dichroïque, verte en couche mince, rouge en couche épaisse. — La réaction que nous venons d'indiquer est très commode et très bonne (1). La couleur foncée de l'urine est sans influence sur la coloration des phosphates ; seulement dans une urine foncée, cette coloration n'est pas aussi facile à apprécier que dans une urine pâle. — La matière colorante de la bile peut donner aux phosphates une couleur jaune brunâtre, mais point l'aspect rouillé.

La seule source réelle de confusion est donnée par la

(1) Parfois, il ne produit pas de précipité de phosphates. En pareil cas, il suffit d'ajouter deux ou trois cc. d'une autre urine exempte de sang pour que la réaction réussisse.

présence de l'acide chrysophanique et de la santonine dans l'urine. Mais indépendamment de la différence d'action des acides minéraux (v. p. 9), il y a déjà moyen d'établir la distinction, en tenant compte de ce fait que le précipité de phosphates colorés par l'acide chrysophanique etc. ne présente pas de reflet verdâtre et d'autre part, qu'après un certain séjour à l'air, il prend une teinte violette.

2. *Réaction d'Almén-Schönbein.*

On mélange soigneusement 1 cc. de teinture de Gayac aussi fraîche que possible avec un égal volume de térébenthine ozonisée, c'est-à-dire exposée assez longtemps à l'action de l'air. On fait couler avec précaution le long de la paroi du vase ce mélange au-dessus de l'urine ; il surnage en formant une couche distincte ; en même temps, une partie de la résine se dépose à la surface de séparation des liquides, sous l'aspect d'une zône d'abord blanc-grisâtre, plus tard jaune sâle ou verdâtre. Quand il y a du sang, on voit se former, immédiatement au-dessus de la couche de résine, un bel anneau indigo-bleu limité vers le haut par le réactif à peu près incolore. Si l'on agite, le tout forme une émulsion bleu-clair. Cette réaction est très sensible : elle donne un résultat positif, même dans un mélange d'une partie de sang avec plusieurs milliers de parties d'eau. Elle a été également employée pour l'analyse quantitative.

3. *Réaction de l'hémine.*

On emploie pour cette réaction ou bien, le coagulum déposé au fond du vase qui contient l'urine, ou bien, le précipité de phosphates recueilli dans ce but, sur un filtre. On dépose sur un porte-objet une petite quantité de l'une ou de l'autre de ces substances, et l'on dessèche à une douce chaleur. Ensuite, on mélange le sang desséché avec un tout petit fragment de sel, on place en travers de la préparation un poil fin, on met un couvre-objet et on ajoute 2 ou 3 gouttes d'acide acétique glacial. Le tout est chauffé à une flamme, avec grande précaution jusqu'à ce qu'il se produise de petites bulles, c'est-à-dire jusqu'à ce qu'on ait atteint le point d'ébullition de l'acide acétique. Après refroidissement, on trouvera les cristaux très caractéristiques de l'hémine : ce sont de petites tablettes rhomboïdales, d'une coloration brun-rougeâtre : leur dimension est parfois extrêmement petite, cependant, avec un grossissement de 300 fois environ, on n'éprouve pas de peine à les reconnaître.

4. *Analyse spectrale.*

L'**oxyhémoglobine** présente deux bandes d'absorption bien marquées entre les lignes D et E de *Frauhenhofer* (dans le jaune et le vert) ; **la méthémoglobine** qui est une modification de l'hémoglobine contenant autant d'oxygène que l'oxyhémoglobine, présente de plus une raie caractéristique dans le rouge (entre C et D) D'après *Hoppe-Seyler*, l'urine à l'état frais ne renferme jamais ou très exceptionnellement l'oxyhémoglobine, mais toujours la méthémoglobine. La putréfaction réduit la méthémoglobine en hémoglobine qui, par l'agitation à l'air, peut reproduire l'oxyhémoglobine. Des urines sanglantes fraîches donneront donc le spectre de la méthémoglobine ; si elles sont anciennes, elles présenteront le spectre de l'hémoglobine ou de l'oxyhémoglobine. Nous renvoyons aux manuels pour le procédé d'exécution de l'analyse spectrale. Les petits spectroscopes de poche de *Browning*, relativement peu couteux sont vraiment de bon service ; on peut les utiliser même à la lumière ordinaire du jour. La solution sanglante filtrée et versée dans un petit tube à réaction, est appliquée devant le spectroscope : on regarde dans celui-ci comme dans une longue-vue.

5. **Examen microscopique.** Les procédés que nous venons d'indiquer, surtout les trois derniers, sont fort délicats; cependant, l'examen microscopique est toujours le moyen le plus sûr et le plus rapide. Il permet de reconnaître les globules rouges du sang dans les urines qui ont conservé leur couleur normale et qui, soumises aux autres méthodes de recherche du sang, ont donné des résultats négatifs. — L'**aspect microscopique** varie suivant que l'hémorragie a été : *a*) **abondante**, produite par la rupture d'un gros vaisseau, ou *b*) **modérée,** lente, surtout d'origine capillaire (parenchymateuse). Dans le **premier cas**, (fig. 15) notamment si

FIG. 15.

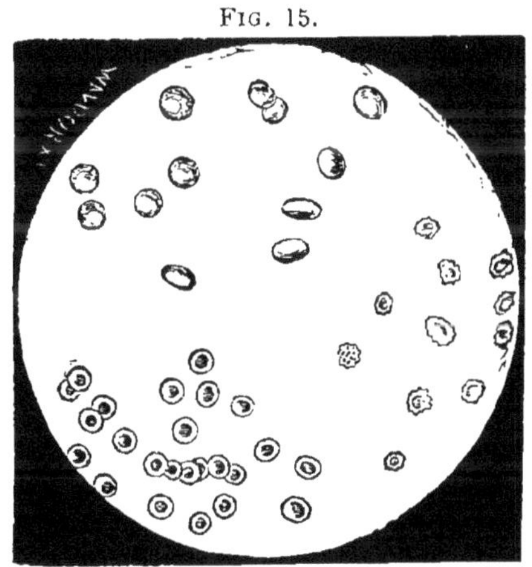

Corpuscules du sang gonflés
Corpuscules normaux. Corpuscules rétractés.

l'urine est acide, les globules sanguins ont leur aspect normal, ou bien, ils présentent des bords dentelés, ou bien, ils sont gonflés, globuleux : ce dernier état se rencontre principalement dans les urines alcalines ou peu concentrées. Dans le **second cas**, par suite de l'action prolongée de l'urine, les globules du sang subissent de notables altérations (fig. 16). Leur dimension est devenue très variable et souvent, elle n'arrive qu'à la moitié ou au tiers de la dimension normale; leur couleur passe au brun ou est complètement effacée; parfois, il ne reste plus qu'une masse granuleuse, quasi poussiéreuse.

Très fréquemment, les globules du sang se présentent comme des anneaux à simple ou à double contour (1).

On rencontre souvent les **cylindres hémorragiques** qui sont des coagulations microscopiques formées dans les canalicules du rein et qui ont une grande importance pour le diagnostic de l'hémorragie rénale. — Il est très rare de trouver des **cristaux d'hématoïdine.** — A côté des éléments que nous venons d'indiquer, on peut en trouver encore d'autres qui présentent, au point de vue du diagnostic spécial, une signification plus ou moins considérable, par exemple, des cristaux de différents sels, des cellules rondes, des cylindres, etc.

Quand, au moyen de l'un ou l'autre procédé, on s'est assuré de la présence du sang dans l'urine, il faut se demander où est la source de l'hémorragie. On aura notamment à rechercher, si elle se trouve dans la **vessie** ou dans les **reins;** pour cela, on doit considérer diffé-

(1) *Friedreich* a parfois observé dans les urines sanglantes, des MOUVEMENTS AMOEBOÏDES des globules rouges. Il est disposé à considérer ces mouvements comme caractéristiques pour l'hématurie rénale.

rents points. Lorsque, au début de la miction, l'urine ne renferme pas de sang ou lorsqu'elle n'en contient qu'une petite quantité et que la coloration sanguine apparait principalement vers la fin de l'émission ; lorsque en outre, la couleur de l'urine est fraîche, rouge vif, que la réaction est alcaline (ammoniacale) et enfin que la proportion d'albumine est relativement faible (1), il y a lieu de supposer que l'hématurie est d'**origine vésicale**; même isolé, chacun des symptômes que nous venons de mentionner parle en faveur de cette origine.

L'**hémorragie rénale** est ordinairement modérée, hors le cas de lésions traumatiques et le cas de cancer où l'extravasation peut devenir très copieuse; la cou-

FIG. 16.

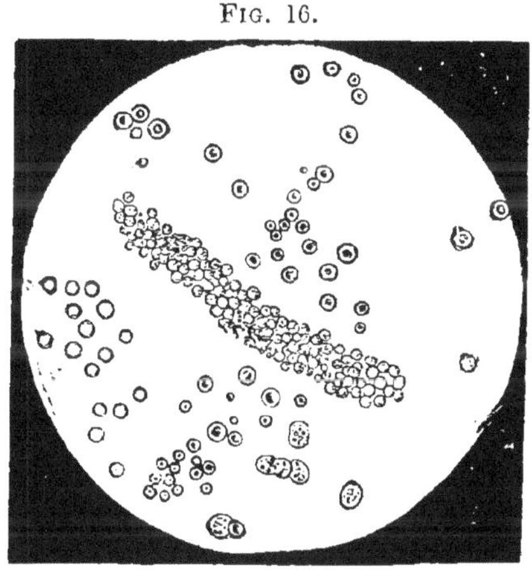

Globules rouges dans un cas d'hémorragie parenchymateuse. A gauche, on voit un groupe de globules en forme d'anneaux. Au milieu, un cylindre hémorragique. (D'après *Eichhorst*) En bas, quelques cellules rondes.

(1) La présence du sang ne détermine pas une albuminurie notable; même dans des urines d'un rouge noir, on ne trouve guère plus de 0.2 %.

leur de l'urine est gris-brunâtre ou rouge-brunâtre ; on observe du dichroïsme; le mélange de l'urine et du sang est intime, la réaction est acide et la proportion d'albumine relativement considérable. Il se forme souvent dans les uretères des coagulations allongées, vermiformes, de 5 à 10 centimètres de longueur, blanches, de la grosseur d'une plume : ces coagulations se présentent parfois dans les hémorragies rénales.

Dans l'hématurie rénale, le **microscope** fournira d'ordinaire l'image représentée dans la fig. 16. **Les cylindres hémorragiques** ne peuvent se former que dans les reins : sauf complication d'hémorragie vésicale, leur constatation est tout à fait décisive en faveur de l'origine rénale de l'hématurie.

Naturellement, on doit aussi avoir égard pour le diagnostic aux symptômes cliniques; on n'oubliera pas que chez la femme, le sang peut venir des organes génitaux.

B. Hémoglobinurie.

Méthémoglobinurie (*Hoppe-Seyler*). — L'hémoglobinurie peut être ou **symptomatique** dans les fièvres exanthématiques, les empoisonnements, les maladies nerveuses etc. ou **idiopathique** : elle constitue alors une maladie spéciale survenant par accès, sous l'influence du froid sur la peau et notamment sur les pieds. Cette affection désignée sous le nom d'hémoglobinurie périodique, très intéressante mais encore bien obscure, se rencontre aussi chez les animaux (chevaux, *Fröhner*).

La couleur de l'urine varie du rouge rubis au noir. Dans les cas typiques, l'apparence de l'urine est caractéristique : elle est claire, transparente, d'une coloration à peu près analogue à celle du vin de porto ; elle ressemble à du sang couleur de laque et ce caractère la distingue bien nettement de l'urine sanglante ordinaire qui, ainsi que le sang lui-même, est plus ou moins opaque. Bien que cette urine présente une coloration sanguine intense et qu'elle fournisse des résultats positifs, par les divers réactifs du sang; à l'examen microscopique, elle ne montre aucun globule de sang ou seulement, un nombre extrêmement restreint de ces éléments. Par contre, on y rencontre souvent des cylindres hyalins, des cylindres granuleux ainsi qu'un détritus de coloration brune. Au point de vue chimique, une pareille urine se comporte comme une simple solution d'hémoglobine. Chauffée jusqu'à ébullition, elle donne naissance à un coagulum d'albumine; mais habituellement, cette albumine ne se précipite pas comme l'albumine ordinaire du sérum, en flocons qui gagnent peu à peu le fond : elle forme immédiatement une coagulation cohérente, brunâtre qui nage à la surface, qu'on peut soulever d'une pièce à l'aide d'une pince et qui se décolore sous l'action de l'alcool chaud, additionné d'acide sulfurique.

SUCRE (sucre de raisin).

Le sucre se présente dans l'urine :

I. A l'état physiologique. — De temps à autre; on rencontre du sucre dans l'urine d'individus sains; mais la proportion est si minime (0,025 à 0,05 % *Worm-Müller*) que ce fait n'offre aucune importance pratique. Les recherches de *Worm-Müller* ont montré que l'urine de personnes bien portantes peut contenir **le sucre de canne,** aussi bien que **le sucre de raisin** et **le sucre de lait**, à la suite de l'ingestion de 50 à 250 grammes de ces substances. Jamais le sucre éliminé n'avait subi d'altération : il répondait exactement à l'espèce de sucre absorbé. Aucune fois, il n'a été possible de retrouver **la lévulose**, pas même après ingestion de fortes quantités de cette substance sous forme de miel; il a été également impossible de constater chez des individus sains, le passage de **la fécule** sous forme de sucre dans l'urine (1).

Le sucre de lait peut apparaître dans l'urine des **femmes en couches** qui donnent le sein, particulièrement dans le cas où la lactation est entravée. On a encore rencontré le sucre de lait chez **des nouveau-nés** soumis exclusivement à l'alimentation lactée (*Hofmeister* et *Kaltenbach*).

II. A l'état pathologique. — 1. **Glycosurie.** D'après *Frerichs*, on peut partager en trois groupes les cas dans lesquels l'urine renferme du sucre d'une façon passagère et en petites quantités : *a*) **Glycosurie par intoxication :** oxyde de carbone, curare, nitrite d'amyle, térébenthine; elle se produit aussi, mais moins constamment et seulement après d'assez fortes doses, par l'usage de la morphine, du chloral, de l'acide prussique, de l'acide sulfurique et de l'alcool. *b*) **Glycosurie causée par des troubles digestifs :** catarrhe de l'estomac, cirrhose du foie, thrombose de la veine-porte. *c*) **Glycosurie causée par des troubles du système nerveux :** excès de travaux intellectuels, névralgies, par exemple la sciatique, lésions du crâne et de la colonne vertébrale, commotion cérébrale, sclérose cérébrale disséminée, apoplexie, etc.

Dans tous ces cas, l'élimination du sucre constitue un symptôme secondaire; il n'en est pas de même dans le 2. **Diabète sucré**, où la présence du sucre dans l'urine est le symptôme le plus saillant.

La recherche du sucre repose essentiellement sur la propriété que ce corps possède de réduire, dans des solutions alcalines, certains oxydes métalliques : elle est entourée de difficultés bien plus sérieuses que la recherche de l'albumine, par exemple. Ces difficultés proviennent surtout de ce que, même l'urine normale

(1) Il faut noter que récemment, *Seegen* a publié un cas de diabète dans lequel l'urine renfermait de la LÉVULOSE et, chose remarquable, ne présentait pas de sucre de raisin. Dans une série d'expériences, l'élimination de lévulose fut provoquée ou exagérée, par l'ingestion de substances amylacées.

contient diverses substances qui jouissent de propriétés analogues à celles du sucre.

ANALYSE QUALITATIVE.

1. *Réaction de Trommer.*

Cette réaction repose sur la propriété que possède le sucre de raisin de réduire, en solution alcaline et à l'aide de la chaleur, l'oxyde de cuivre en oxydule de cuivre : celui-ci se sépare sous la forme d'un précipité finement divisé, jaune-rougeâtre. La réaction de Trommer se pratique de la façon suivante :

On prend environ 5 cc. d'urine filtrée, exempte d'albumine (1) ; par l'addition de 1 à 2 cc. de lessive de potasse ou de soude (à 10 %), on la rend fortement alcaline, puis, on ajoute goutte à goutte et en agitant constamment, une assez forte solution de sulfate de cuivre (10 %) jusqu'à ce que le précipité gris-bleuâtre d'hydroxyde de cuivre, qui se forme, cesse de se dissoudre (2). S'il y a du sucre, on verra se dissoudre une assez notable quantité d'oxyde de cuivre et, par suite, le liquide présentera une belle coloration bleu-d'azur bien pure (3). Cela fait, le liquide bleu, limpide est chauffé jusqu'à ébullition commençante, c'est-à-dire jusqu'à production

(1) De nombreuses expériences ont établi qu'on peut se dispenser d'éloigner l'albumine, lorsque sa quantité ne dépasse pas 0.2 %.

(2) On peut ajouter la solution de cuivre avant la potasse. En ce cas, aussi bien dans l'urine exempte de sucre que dans celle qui en contient, il se dissoudra une plus forte quantité d'hydroxyde de cuivre que si l'on suit l'ordre inverse.

(3) Cette coloration bleue ne permet pourtant pas à elle seule de tirer une conclusion certaine sur la présence du sucre. Elle peut se produire sans qu'il y ait du sucre, notamment dans le cas où l'on verse le sulfate de cuivre en premier lieu et d'autre part, elle peut manquer si le sucre n'existe qu'en petite quantité.

des premières bulles. A moins que la proportion de sucre ne soit tout à fait minime (inférieure à 0,2-0,5 %), on verra apparaître, dans la partie supérieure du liquide, un précipité nuageux, jaunâtre d'oxydule de cuivre, dont la coloration tranchée ressort nettement sur la couleur bleu foncé du liquide. Dès que ce précipité apparaît, on cesse de chauffer. La réaction se continue d'elle-même, c'est-à-dire que le précipité envahit le reste du liquide, par des prolongements en forme de bandes, jusqu'à ce que toute la masse ait subi la réduction. Bientôt, la couleur jaune se modifie : elle devient rougeâtre par suite de la production d'oxydule de cuivre anhydre. Il arrive que cette dernière combinaison se forme de prime-abord, sans être précédée du stade intermédiaire d'oxydule de cuivre hydraté jaune : cela se présente lorsque la proportion de sucre est de 1 % ou davantage; on l'observe aussi, par analogie, avec les solutions aqueuses de sucre, pour des proportions moindres, en cas de polyurie.

Pour des quantités notables de sucre, la réaction de Trommer est certainement excellente; mais quand il s'agit de faibles quantités, elle peut donner lieu à diverses erreurs. Comme nous l'avons déjà signalé antérieurement, l'urine renferme d'autres matières réductrices, telles que l'acide urique, la créatinine et d'autres substances qui peuvent aisément faire croire à la présence du sucre lorsqu'elles se présentent en fortes proportions, dans l'urine concentrée, par exemple. La réduction opérée par ces substances s'accomplit, pourtant, en général d'une façon un peu différente de la réduction par le sucre, en ce sens qu'ici la précipitation ne se produit qu'à la température d'ébullition. Mais ce n'est aucunement une règle générale et l'acide urique, en particulier, donne souvent, déjà à 60-70° C., un précipité d'oxydule de cuivre hydraté, moins abondant, il est vrai, qu'à la température d'ébullition, mais cependant bien manifeste (*Worm-Müller*).

A cause de la présence de ces substances réductrices, on doit se faire une règle de **ne pas employer une trop forte chaleur et de ne pas prolonger trop longtemps son action,** car sinon, on risquerait d'obtenir une réduction, même en l'absence de sucre. Il arrive que la réduction ne s'établisse que quelques secondes ou quelques minutes après la cessation de la chaleur; dans ces cas, on n'obtient d'abord aucune réduction, mais quand le tube à réaction a séjourné quelques instants sur l'étagère, on remarque que le liquide, primitivement bleu-verdâtre, est devenu jaune-verdâtre et opaque. Cette réduction secondaire ne démontre pas la présence du sucre. Celle-ci ne peut être admise que si la précipitation d'oxydule de cuivre a lieu rapidement.

La réaction de Trommer présente encore un autre inconvénient résultant de la propriété que possèdent l'acide urique et la créatinine de maintenir une certaine quantité d'oxydule de cuivre en solution et, par suite, d'entraver sa précipitation.

On le voit, d'une part les substances réductrices peuvent simuler la présence du sucre, alors qu'il n'en existe pas traces, et, d'autre part, ces mêmes substances constituent, jusqu'à un certain point, un obstacle à la constatation du sucre, en vertu du pouvoir qu'elles ont de maintenir une certaine quantité d'oxydule de cuivre en solution.

Pour éviter ce dernier inconvénient, dans les cas où la

chaleur ne produit que la décoloration, mais pas de précipité net, on doit recommencer la réaction, en ayant soin cette fois d'ajouter un peu plus de la solution cuivrique, sans s'inquiéter du trouble qui pourra se montrer dans le liquide. Il se peut qu'en chauffant de nouveau, on obtienne maintenant une réduction bien nette; en effet, les substances indiquées ne peuvent maintenir en solution qu'une quantité relativement faible d'oxydule de cuivre. On doit également se garder d'ajouter trop de la solution cuivrique, car le précipité d'hydroxyde de cuivre ou d'oxyde de cuivre (qui se forme parfois aux dépens de ce dernier, sous l'action de la chaleur) pourrait cacher la réaction du sucre.

De ce qui précède et comme *Worm-Müller* l'a montré d'une façon plus complète, il résulte que la réaction de Trommer doit être exécutée avec précaution. Dans les cas douteux, on ajoute d'abord de très petites quantités de solution cuivrique (3 à 4 gouttes); si, en chauffant, on voit la réduction se manifester par la décoloration, on augmente progressivement la proportion de solution cuivrique jusqu'à ce que, s'il y a vraiment du sucre, on obtienne une belle réduction bien nette.

Dilution de l'urine (trois à quatre fois). Il arrive que la réduction apparaisse plus nettement dans l'urine diluée que dans l'urine pure, surtout quand celle-ci est foncée. Mais, par contre, la dilution paraît diminuer un peu la sensibilité de la réaction.

Dans les cas douteux, on peut mélanger l'urine, la potasse et la solution de cuivre et sans chauffer, laisser reposer ce mélange jusqu'au lendemain. Si, après vingt-quatre heures, il s'est produit un précipité, celui-ci sera ordinairement le résultat de la présence du sucre. Mais, ce procédé ne donne pas non plus une certitude absolue.

2. *Réaction de Fehling.*

Le réactif qu'on emploie est préparé de la façon suivante : *a)* on dissout dans l'eau à une douce chaleur 34,639 grammes de sulfate de cuivre pur, puis, on réduit à 500 cc. *b)* On mélange 173 grammes de tartrate de soude et de potasse avec 100 cc. de lessive de soude (d'une densité de 1.34) et quantité suffisante d'eau pour obtenir 500 cc.

On doit conserver ces deux liquides séparément et n'en mélanger que les quantités nécessaires pour chaque examen. En effet, lorsqu'ils sont réunis, ils subissent facilement des altérations, en suite desquelles l'oxydule de cuivre se sépare ou bien spontanément, ou bien sous l'action de la chaleur, avant addition d'urine. — Par le mélange des deux liquides à parties égales, on obtient une solution limpide, bleu foncé — *la liqueur de Fehling* — qui, additionnée de 3 ou 4 gouttes d'eau, est employée avec avantage pour la recherche du sucre. En chauffant jusqu'à ébullition commençante 5 à 6 cc. de la liqueur diluée, comme nous venons de dire, et en ajoutant progressivement 2 à 3 cc. d'urine, on verra, s'il y a du sucre, se former presque immédiatement un précipité d'oxydule de cuivre.

La réaction de *Fehling* présente sur celle de *Trommer* l'avantage suivant : grâce au sel de Seignette, l'hydroxyde de cuivre ou l'oxyde de cuivre sont maintenus en solution dans le liquide alcalin; il en résulte qu'un excès d'oxyde de cuivre nuira moins à la recherche. C'est d'ailleurs, le seul avantage appréciable de la réaction de *Fehling;* d'autre part, le réactif est beaucoup plus compliqué que celui de *Trommer* et ne fournit pas de résultats sensiblement plus précis; aussi le praticien devra-t-il préférer la réaction de *Trommer*.

Dans le but d'obtenir un liquide d'une conservation plus facile, on a essayé de remplacer le sel de Seignette par la glycérine. Le réactif de *Löwe* est une solution de ce genre; il ne mérite pourtant pas d'être recommandé, attendu que la glycérine du commerce est presque toujours impure. —

Les réactions de *Trommer* et de *Fehling* exécutées de la façon indiquée conviennent très bien lorsqu'il s'agit de constater des proportions relativement fortes de sucre (jusque 0,2 à 0,5 %). Quand la quantité de sucre est moindre, il faut un temps assez long pour que le précipité d'oxydule de cuivre se produise, et les chances d'erreur deviennent très considérables, surtout si la chaleur est poussée jusqu'à la température de l'ébullition. La chose essentielle, comme nous l'avons déjà dit, est de régler exactement la quantité de solution de cuivre à employer dans chaque cas déterminé.

Pour obvier aux difficultés que nous venons d'exposer, *Worm-Müller* était arrivé, en déterminant la quantité de cuivre à ajouter, la proportion d'alcali, la température, à modifier la réaction de Trommer de façon à lui faire déceler avec certitude une proportion de 0,025 % de sucre à une température de 70° C. environ. Mais, dans la suite il reconnut que parfois, dans des urines exemptes de sucre, son procédé donnait naissance au bout d'un certain temps, à un précipité d'oxydule de cuivre : il fut donc obligé d'y renoncer.

Plus tard, toute une série d'expériences lui démontrèrent que l'on pouvait presque toujours éviter ce précipité par l'emploi du sel de Seignette; en se basant sur cette donnée, il a imaginé la réaction suivante qui supprime les difficultés que nous avons signalées :

3. *Réaction de Worm-Müller*. (Réaction de *Fehling* modifiée.)

On emploie pour cette réaction : 1. une **solution de sulfate de cuivre** à 2.5 %; 2. **une solution alcaline de sel**

Seignette, c'est-à-dire une solution de 10 gr. de sel de Seignette chimiquement pur et de 4 gr. de soude dans 100 gr. d'eau.

Procédé d'exécution : Dans un tube à réaction, on chauffe 5 cc. d'urine jusqu'à ébullition; en même temps, dans un autre tube, on chauffe également jusqu'à ébullition, un mélange de 1,5 à 3 cc. de solution de cuivre et 2,5 cc. de solution alcaline de sel de Seignette. On doit supprimer au même moment l'action de la chaleur pour les deux liquides : puis, au bout de 20 à 25 secondes, on mélange le contenu des deux tubes sans agiter, en versant, en premier lieu, l'urine, et, ensuite, le réactif. Dès que le mélange est opéré, le liquide prend une coloration bleu-verdâtre, mais, il se décolore progressivement après un court espace de temps. La réaction est terminée et la présence du sucre est constatée au moment où se produit un précipité de $Cu_2(OH)_2$, précipité qui est formé de fines particules et qui, d'ordinaire, demeure en suspension dans le liquide.

Si la proportion de sucre est très minime (0,05 °/₀ ou moins), il faut parfois 4 à 5 minutes pour que le précipité apparaisse et, souvent, il se présente comme un simple trouble jaune-verdâtre, visible à la lumière incidente et particulièrement net quand on examine sur un fond noir. — Lorsqu'on ne constate point de précipitation, mais seulement une décoloration du liquide, il faut recommencer la réaction en ajoutant un peu plus de sulfate de cuivre jusqu'à ce qu'on obtienne un précipité. — Si le mélange conserve sa couleur verte, c'est la preuve qu'on a employé trop de sulfate de cuivre et il ne faut pas continuer la recherche dans de pareilles conditions.

La quantité de sulfate de cuivre à employer peut être évaluée d'après le poids spécifique. Lorsque celui-ci dépasse 1020, on pourra d'ordinaire verser de prime abord 2 cc.; pour une densité moindre, on commencera par 1,5 cc. ou même 1 cc.

Le mélange des liquides détermine habituellement la formation d'un précipité de phosphates qui, la plupart du temps, devient floconneux et gagne le fond du vase. Pourtant, il n'est pas rare que les phosphates demeurent à l'état de division fine et qu'ils envahissent tout le liquide : dans ces conditions, la réaction du sucre peut être masquée ou bien, d'autre part, le précipité de phosphates peut être pris pour un précipité de $Cu^2(OH)^2$. Mais ce fait ne se présente que dans les urines dont la teneur en sucre est faible (0,05 à 0,25 °/₀). La confusion dont il s'agit est d'autant plus aisée que le précipité des phosphates finement divisé offre souvent une teinte verdâtre; néanmoins, avec un peu d'exercice, on arrivera sans peine à distinguer cette teinte de la coloration jaune-rougeâtre de l'oxydule de cuivre. Dans la majorité des cas, il suffira, pour éviter l'erreur, de laisser reposer quelque temps le tube à réaction : le précipité de phosphate se dépose ordinairement au bout de quelques minutes (1), tandis que l'hydroxyde de cuivre reste en suspension pendant plusieurs heures.

Au moyen de ce procédé, on peut reconnaître dans l'urine la présence de 0,025 °/₀ de sucre de raisin ou 0,05 de sucre de lait : il l'emporte donc assez notablement en sensibilité sur les autres méthodes ; en outre, il est plus sûr, car s'il donne un résultat négatif, c'est que

(1) Dans quelques cas exceptionnels, un temps plus long est nécessaire.

la proportion de sucre est inférieure à 0,025 %; d'autre part, il est tout à fait exceptionnel que, dans une urine exempte de sucre, il détermine une modification quelconque pouvant faire croire à la présence de sucre. — Lorsque la quantité de sucre atteint 0,1 % ou davantage, la précipitation de $Cu_2(OH)_2$ s'opère avec une telle rapidité — en une demi minute — et une telle abondance que toute espèce d'hésitation est impossible.

Si l'on se trouvait en présence d'un cas douteux, il faudrait faire l'examen de l'urine plusieurs jours de suite et pendant ce temps, varier le régime alimentaire du malade. Le mieux est de lui faire prendre à jeûn une forte quantité de fécule cuite ou de pain. S'il s'agit d'un diabétique, après quelques heures déjà, on trouvera du sucre de raisin dans son urine; dans les mêmes conditions, l'urine d'un individu sain demeurera exempte de sucre (voir p. 98). Lorsque l'expérience a fourni un résultat négatif, elle doit être répétée au milieu de la journée. Le diabète sera exclu avec entière certitude si, même après une alimentation sucrée (par exemple des figues, des raisins, du sucre de canne, etc.) la réaction du sucre fait défaut.

Il ne faut pas perdre de vue qu'à la suite de l'emploi de **la térébenthine,** on peut obtenir une réaction analogue à celle du sucre et que, chez les femmes en couches, il se rencontre souvent du sucre de lait dans l'urine. On ne sait pas encore, d'une façon positive, si l'urine émise pendant l'usage de la térébenthine contient du sucre ou une substance qui s'en rapproche.

Les trois réactions que nous venons de décrire peuvent être employées pour de l'urine **décolorée** (*Seegen, Maly.*)

La décoloration s'obtient en filtrant l'urine à travers du noir animal (charbon de sang, charbons d'os). Le charbon doit être finement pulvérisé, avoir été traité par l'acide chlorhydrique et soigneusement lavé à l'eau. On le place sur un filtre et on l'arrose d'urine goutte à goutte, jusqu'à ce qu'il forme une masse pâteuse. Au milieu de cette masse, on creuse une excavation dans laquelle on verse l'urine (1). Si l'on observe exactement les règles indiquées, l'urine filtrée sera totalement incolore. Cette urine est débarrassée non seulement des matières colorantes, mais encore de l'acide urique, et ainsi sont écartées les deux principales sources de difficultés que présente la recherche du sucre. — D'après *Seegen*, l'eau de lavage qu'on obtient en faisant passer l'eau à travers le charbon du filtre, après la filtration de l'urine contient aussi du sucre en proportion notable et se prête mieux à la réaction que l'urine décolorée elle-même.

Des expériences réalisées ici, à l'Institut de physiologie, ont montré que pour la réaction de *Trommer* aussi bien que pour celle de *Fehling*, la décoloration est vraiment avantageuse ; elle rend le résultat plus net, plus manifeste et augmente quelque peu la sensibilité de ces procédés de recherche. Quant à l'eau de lavage, elle donne des résultats incertains ; sa teneur en sucre est très variable et ce seul fait doit suffire à la faire rejeter pour l'analyse. Dans la méthode de *Worm-Müller*, la décoloration ne présente aucun avantage sérieux ; seulement, la réaction est plus nette et plus élégante dans l'urine décolorée.

4. *Réaction par le bismuth.* (Réaction de *Böttger*.)

Cette réaction repose sur le fait suivant : en solution alcaline, l'oxyde de bismuth est réduit par le sucre et devient une substance noire (bismuth métallique ou oxydule de bismuth ?). — Pour exécuter la réaction, on mélange 5 cc. d'urine avec un égal volume de solution concentrée de bicarbonate de soude ou avec 1 cc. de

(1) Un procédé moins efficace, mais plus commode consiste à ajouter la charge de la pointe d'un couteau de charbon à 5-10 cc. d'urine, puis à agiter avec soin et filtrer.

lessive de soude à 10 %; puis, on ajoute au mélange gros comme un pois de sous-nitrate de bismuth. En chauffant pendant une minute, on verra alors, s'il y a du sucre, le sel de bismuth prendre une teinte noire et se former un précipité noir, finement divisé.

Cette réaction permet de constater jusque 0,1 % de sucre; elle offre comme avantage cette circonstance que l'oxyde de bismuth n'est réduit ni par l'acide urique, ni par la créatinine; d'autre part, il arrive quelquefois, surtout si l'on chauffe pendant plus d'une minute, que l'on obtienne une réduction déterminée par d'autres substances inconnues. — Dans l'urine albumineuse, il peut se former un précipité de sulfure de bismuth; il est donc nécessaire d'éloigner au préalable l'albumine qui existerait dans l'urine (1).

Il est plus avantageux d'employer l'oxyde de bismuth en combinaison avec le sel de Seignette en solution alcaline. Cette association est réalisée dans le

Réactif d'Almén.

Ce réactif modifié par *Nylander* est formé d'une solution de 4 gr. de sel de Seignette dans 100 gr. de potasse à 8 %; on chauffe cette solution sans aller toutefois jusqu'à ébullition et en même temps, on ajoute la quantité de bismuth qui peut être tenue en solution (environ 2 gr.). Si, comme cela arrive, il s'est précipité de l'oxyde jaune de bismuth, on décante le liquide : dès lors, celui-ci est prêt à être employé.

La réaction s'exécute de la façon suivante : on mélange 5 cc. d'urine et 0,5 à 1 cc. du liquide d'*Almén* et on chauffe jusqu'à ébullition, en maintenant celle-ci avec

(1) Il n'est pas indispensable d'éloigner l'albumine lorsque sa proportion ne dépasse pas 0.5 %.

précaution pendant 1 à 2 minutes. Lorsque la proportion de sucre n'est point par trop minime, l'urine prend une teinte foncée qui s'accentue progressivement à mesure que la chaleur augmente ; à la fin, elle devient tout à fait noire ou brun-noirâtre, si la quantité de sucre est modérée.

Le liquide d'*Almén* est un réactif très pratique (1) qui permet de reconnaître facilement des proportions de sucre de 0,1 à 0,05 % : il fournit également une bonne réaction en présence du sucre de lait ; dans les urines rendues pendant l'usage de la térébenthine, de même qu'après l'emploi de rhubarbe, sans doute, à cause de l'acide chrysophanique, il provoque souvent une coloration noire intense.

5. *Réaction par la potasse (Heller, Moore).*

On mélange 5 cc. d'urine avec 2 à 2 1/2 cc. d'une forte lessive de potasse (25 %), on agite et on chauffe jusqu'à ébullition, la partie supérieure du mélange. Quand il y a du sucre, l'urine au point chauffé prend une couleur jaune-brunâtre plus ou moins prononcée : suivant la quantité de sucre cette couleur se fonce de plus en plus et peut même devenir brun-noirâtre. Son intensité continue encore à augmenter pendant quelques minutes, alors que le tube à réaction est déposé sur l'étagère. En comparant la partie supérieure du mélange qui a été chauffée et la partie inférieure, le contraste est frappant. Outre la coloration brune, on constate une odeur manifeste de caramel ou de sucre brûlé. La coloration foncée disparait bientôt par l'addition de quelques gouttes d'acide jusqu'à réaction neutre.

A moins qu'il ne s'agisse de fortes quantités de sucre, la réaction de la potasse n'est pas très sûre ; en effet, il arrive bien souvent que des urines parfaitement normales, addi-

(1) Enfermé dans un flacon noir, il peut se conserver pendant des mois sans altération.

tionnées de potasse et soumises à la chaleur prennent une teinte brunâtre ou deviennent même assez foncées. Cependant, une couleur brun-noire associée à l'odeur de caramel peut être considérée dans la majorité des cas comme vraiment caractéristique. — Si l'urine additionnée d'une forte lessive de potasse ne brunit pas à la chaleur, on peut conclure qu'elle ne contient pas de sucre ou bien, en tout cas, que la proportion de sucre ne dépasse pas 0.2 %.

On le voit, cette réaction par la potasse ne doit pas prétendre à un rôle bien important dans l'analyse qualitative : elle servira seulement comme épreuve préliminaire. Cependant, au point de vue quantitatif, elle peut fort bien être utilisée pour une évaluation approximative (voir plus loin).

Observation. Les urines colorées par la **rhubarbe** et **le sené** deviennent brun-rouges par addition de potasse et cela **déjà à froid.** L'urine qui contient de fortes quantités de **pyrocatéchine** (alcaptone, prend une teinte brunâtre par l'exposition à l'air, surtout après addition d'alcali.

6. *Recherche par la fermentation.*

On prend un tube à réaction de forte dimension : on le remplit aux deux tiers de mercure ; le dernier tiers est occupé par de l'urine à laquelle on a ajouté un peu de levûre bien lavée et ne datant pas de plus d'une semaine. Après avoir éloigné toutes les bulles d'air, on ferme le tube avec le pouce, puis on le retourne et on le plonge par son extrémité ouverte dans un vase contenant du mercure. On le maintient ainsi en repos, pendant quelque temps à la température ordinaire de la chambre ; quand il y a du sucre, la fermentation s'établit bientôt, c'est-à-dire que le sucre se transforme en alcool et acide carbonique. Ce dernier s'amasse dans le tube à réaction au-dessus du liquide ; on reconnait sa présence au moyen d'une lessive de potasse concentrée, qui absorbe l'acide carbonique; il suffira donc d'introduire dans le tube deux ou trois gouttes de cette lessive de potasse au moyen d'une pipette courbée.

Par la fermentation, on obtient des résultats tout à fait certains, à la condition que la levûre employée soit pure; pour s'assurer qu'il en est ainsi, il faut répéter l'essai sur de l'urine normale ou de l'eau pure.

7. *Réaction par l'indigo.* (Réaction de *Mülder*.)

L'urine filtrée et débarrassée d'albumine est rendue fortement alcaline au moyen d'une solution de bicarbonate de soude; elle est ensuite additionnée d'une solution de bleu d'indigo jusqu'à ce qu'elle présente une couleur bleue bien marquée; puis, on chauffe. Le liquide se décolore à peu près complètement; en passant par le violet et le rouge-pourpre, il arrive au jaune et au jaune-pâle. Après refroidissement et agitation à l'air, il reprend peu à peu de l'oxygène et parcourt la même série de colorations, mais en sens inverse.

Cette réaction ne présente en elle-même aucune importance : seulement, elle a donné naissance à une **méthode portative** qui est vraiment avantageuse : on plonge un morceau de papier à filtrer dans une forte solution d'indigo pur et un autre morceau de papier est imbibé avec une solution concentrée de bicarbonate de soude : tous deux seront parfaitement desséchés. Lorsqu'on veut faire usage de ce procédé, on plonge un petit morceau de papier d'indigo dans une certaine quantité d'eau, par exemple, le contenu d'un gobelet, et on l'y laisse jusqu'à ce que l'eau ait pris une teinte bleu clair. Avec cette solution d'indigo, on remplit à moitié un tube à réaction dans lequel on verse ensuite jusqu'aux 3/4 l'urine suspecte; alors, on introduit dans ce mélange un assez grand morceau de papier de bicarbonate; on chauffe le tout et l'on maintient à l'ébullition pendant plusieurs minutes. Quand il y a du sucre, la couleur bleue disparait complètement : le mélange devient jaune-pâle ou tout à fait incolore. Le bicarbonate de soude maintient en solution l'albumine qui pourrait se présenter et qui sans cela, viendrait troubler la réaction.

8. **L'acide diazobenzolsulfurique et la potasse** ont été

indiqués par *Penzoldt* comme un réactif très délicat du sucre (voir la diazo-réaction, plus loin).

9. **Acide picrique.** On ajoute à l'urine quelques gouttes d'acide picrique, puis de la potasse. La présence du sucre serait indiquée par une coloration rouge-foncé due à la formation d'acide picraminique. Cette réaction est superflue.

Observation. Le poids spécifique élevé de l'urine ne peut pas être considéré comme un signe diagnostique absolu de la présence du sucre. Pourtant, un poids spécifique de 1036 indique d'ordinaire du sucre, tandis qu'un poids spécifique de 1030 se rencontre assez souvent dans des urines concentrées, exemptes de sucre.— Un poids spécifique élevé associé à une coloration pâle des urines, présente une grande importance : on pourrait dire qu'il a en général une valeur pathognomonique. L'association de ces deux signes, forte densité et coloration faible, est certainement très caractéristique de l'urine diabétique.

La question de savoir quelle est la plus faible densité avec laquelle on puisse rencontrer du sucre n'est point susceptible d'une solution précise. Le fait est que dans des urines dont le poids spécifique comportait moins de 1020, on a parfois constaté une proportion de sucre de plus de 1 °/₀.

Réactifs portatifs du sucre.

Pour le sucre comme pour l'albumine, on a recommandé divers réactifs destinés à servir dans la clientèle. Nous nous bornerons à mentionner : 1. la réaction par l'indigo (voir ci-dessus) et 2. le liquide de Fehling évaporé, puis mélangé de sulfate de soude pour empêcher la déliquescence.

ANALYSE QUANTITATIVE.

1. *Dosage au moyen de la liqueur de Fehling.*

Quoique la réaction ne se fasse pas toujours avec des proportions égales, pourtant, dans les conditions où a lieu le dosage — par addition successive de la solution cuivrique — 1 molécule de sucre de raisin réduit 5 molécules d'oxyde de cuivre à l'état d'oxydule et 5 parties de sucre de raisin privé d'eau réduisent 34,639 parties de sulfate de cuivre cristallisé. Or, la liqueur de Fehling (voir p. 104) contient par litre 34.639 de sulfate de cuivre; par conséquent, 5 grammes de sucre de raisin réduiront 1000 cc. de liqueur de Fehling et 0. 005 grammes de sucre de raisin réduiront un cc.

Voici comment s'exécute le dosage au moyen de ce procédé : on dilue l'urine avec 5 à 10 fois son volume d'eau, de façon que la quantité de sucre ne dépasse pas 0,5 % et on la verse dans une burette. On mesure ensuite 10 cc. de liqueur de *Fehling* et on la dilue avec 40 cc. dans une capsule en porcelaine ou dans un ballon d'*Erlenmeyer*. On chauffe avec précaution ce mélange ; quand il se met à bouillir, on y laisse couler de l'urine par petites quantités à la fois et bientôt, il se produit un précipité d'oxydule de cuivre rouge ou d'oxydule hydraté jaune; ce précipité augmente progressivement par l'addition ultérieure d'urine et en même temps, le liquide perd sa coloration bleue primitive. Or, il s'agit de saisir le moment où la couleur bleue a complètement disparu et où par conséquent, il n'y a plus de cuivre en excès; on y arrivera le plus facilement en donnant à la capsule une position inclinée. Quand on suppose que le moment voulu se présente, il faut filtrer environ 1 cc. du liquide, acidifier le filtrat par l'acide acétique et l'additionner de quelques gouttes d'une solution de ferro-cyanure de potassium (réaction finale) ; une coloration brune indiquera qu'il reste encore du cuivre non réduit. En pareil cas, il faut de nouveau laisser couler 1/2 cc. de l'urine diluée, essayer encore et poursuivre de la sorte jusqu'à ce que la totalité du cuivre soit réduite. Alors, on recommence le dosage qui, naturellement, pourra cette fois s'exécuter beaucoup plus rapidement.

Mais, on peut se trouver devant une situation toute

opposée : à savoir, dès le premier essai, on constate l'absence de cuivre dans le filtrat; dans ces conditions, il faut tout recommencer. Il est possible, en effet, qu'on ait ajouté une trop forte quantité de la solution sucrée, c'est-à-dire d'urine, sans qu'il y ait moyen de constater cet excès, attendu que de petites quantités de sucre sont facilement détruites par le liquide alcalin chaud (*Worm-Müller* et *J. Hagen*). Dans le nouveau dosage, on aura donc bien soin d'ajouter 1 cc. d'urine en moins.

Le calcul qui donne le résultat final de l'analyse est d'une grande simplicité. Voici un exemple :

Pour réduire tout le cuivre contenu dans 10 cc. de liqueur de Fehling (dilué avec 40 cc. d'eau) il a fallu, je suppose, 8 cc. d'une urine diluée au cinquième, soit 1,6 cc de l'urine naturelle. Par conséquent 1,6 cc. d'urine renferme 0,05 gr. de sucre ce qui donne une proportion de 3,12 °/₀.

2. *Réaction par la potasse.*

Pour le mode d'exécution, voir p. 111.

D'après l'intensité plus ou moins considérable de la couleur brune, on peut se faire une idée approximative de la richesse de l'urine en sucre. Dans ce but, on prépare des solutions aqueuses de sucre de raisin de différents degrés. En chauffant ces solutions avec une forte lessive de potasse, on obtient une échelle de comparaison. Une solution à 1 °/₀ devient jaune-serin; la solution à 2 °/₀ devient jaune d'ambre intense; la solution à 5 °/₀ ressemble à du rhum de la Jamaïque foncé; la solution à 10 °/₀ est brun-noire et opaque tandis que les solutions plus légères conservent plus ou moins leur transparence (*Ultzmann*). En raison de sa simplicité, ce procédé mérite d'être appliqué. Toutefois, on ne doit pas perdre de vue que des solutions sucrées chauffées avec la potasse subissent à la longue une diminution de coloration; d'autre part, il faut tenir compte de la couleur primitive de l'urine soumise à l'examen.

3. *Méthode de Roberts.*

Dans cette méthode, on détermine la densité avant et après la fermentation : la différence constatée entre ces deux densités sert à calculer la quantité de sucre. D'après *Roberts*, une différence de 0,01 correspond 0.23 °/₀ de sucre; pour cette même différence, *Manassein* indique 0.219 °/₀. *Worm-Müller* a reconnu que les résultats de cette méthode sont exacts, pourvu que la proportion de sucre arrive au moins à 0.5 °/₀ et que dans la détermination du poids spécifique, on se serve d'un pyknomètre muni d'un tube d'ascension et d'un thermomètre (1).

4. *Réaction de Knapp.*

Ce procédé convient lorsqu'il s'agit de quantités de sucre inférieures à 0.5 °/₀. Il repose sur la réduction d'une solution alcaline de cyanure de mercure par le sucre avec précipitation de mercure métallique. Les recherches de *Worm-Müller, de Hagen et Otto* ont établi que ce procédé est très avantageux : il peut servir même lorsque la quantité de sucre n'atteint pas 0.5 à 0.10 °/₀. On l'emploiera notamment avec avantage, pour faire le dosage avant et après la fermentation (celle-ci doit durer 48 heures). La différence constatée entre les deux résultats, indique d'une façon exacte la véritable proportion de sucre. Ce double dosage éloigne la cause d'erreur provenant de la présence d'autres substances réductrices dans l'urine.

Malheureusement, cette méthode réclame une certaine pratique des opérations chimiques : aussi, nous abstiendrons nous d'en donner ici la description.

5. *Polarisation.*

Cette méthode repose sur la propriété que possède le sucre de dévier à droite le plan de polarisation : elle est extrêmement simple et très exacte pour des solutions aqueuses de sucre; mais, d'un grand nombre d'analyses faites par *Worm-Müller* il résulte que dans l'urine diabé-

(1) Des expériences récentes faites à l'institut physiologique ont entièrement confirmé ce résultat.

tique, même pour des proportions de sucre dépassant 0.5 %, il n'est point rare qu'elle fournisse des chiffres inférieurs à la réalité; ce fait dépend de ce que, d'après *Külz*, dans les formes graves du diabète, l'urine renferme un acide (acide oxybutyrique) lévogyre, non fermentescible. De plus, d'après *Seegen*, il est possible que la **lévulose** se présente dans l'urine. *Hoppe-Seyler*, *Külz* et *Worm-Müller* ont donc parfaitement raison lorsqu'ils conseillent de répéter l'analyse polarimétrique, après la fermentation. De la sorte, il est vrai, le procédé devient assez long et devra être particulièrement réservé à l'usage des laboratoires. Il faut encore noter que, pour des quantités de sucre inférieures à 0.5 %, les résultats qu'il fournit manquent d'exactitude.

Observation. De la simulation du diabète sucré. La simulation du diabète sucré se présente de temps à autre, notamment chez des hystériques; quand on n'est pas sur ses gardes, elle peut donner lieu à des erreurs fort désagréables. — Ordinairement, c'est **le sucre de canne** qui est employé par les simulateurs : il sera facilement reconnu. En effet, il ne réduit pas l'oxyde de cuivre en solution alcaline; d'autre part, comme il est, d'ordinaire, ajouté en excès, il amène une élévation tout-à-fait anormale de la densité (1070 et au dessus) et le polarimètre indique une forte déviation. En chauffant pendant quelques minutes, cette urine avec un acide dilué, on transformera le sucre de canne en sucre de raisin et alors, on pourra obtenir la réduction.

Quelquefois, c'est **le sucre de raisin** qui est ajouté à l'urine : en pareil cas, la simulation sera dévoilée ordinairement sans grande difficulté, par la comparaison des résultats de l'analyse **optique** et de l'analyse **chimique**. Le sucre de raisin qui se trouve dans le commerce n'est jamais chimiquement pur : il contient toujours un produit intermédiaire entre le sucre de raisin et la dextrine qui jouit d'un pouvoir rotatoire droit, assez notable, mais qui ne détermine qu'une faible réduction chimique. Dans un cas de simulation, *Abeles* et *Hofmann* ont obtenu une différence de 40 à 50 % entre les résultats des deux procédés d'analyse. Or, quand il s'agit d'un diabète véritable, la différence est tout à fait insignifiante, et c'est la méthode chimique qui donne le résultat le plus élevé, en partie à cause de la présence de substances **réductrices** qui sont sans action sur le plan de polarisation, en partie, à cause de la présence de substances **lévogyres** (par exemple, **l'acide oxybutyrique** découvert récemment par *Külz* et *Minkowsky*, ainsi que **la lévulose** rencontrée par *Seegen*).

INOSITE.

L'inosite appartient au groupe des sucres : elle est isomère avec le sucre de raisin. Elle se rencontre dans tous les cas de polyurie : elle n'a d'ailleurs pas d'autre importance et ne donne aucune des réactions caractéristiques du sucre.

SUBSTANCES RÉDUCTRICES.

Ces substances réduisent l'oxyde de cuivre en solution alcaline avec l'aide de la chaleur, mais en général, elles ne dévient pas à droite le plan de polarisation. Elles présentent une certaine importance, parce qu'elles peuvent d'une part, simuler la présence du sucre et d'autre part, apporter des difficultés à sa constatation. Ces substances réductrices sont en partie, des éléments **normaux** de l'urine, en partie, des éléments **anormaux ou accidentels.**

A. Éléments réducteurs normaux de l'urine.

1. **Acide urique.** Voir plus haut.
2. **Créatinine.** »
3. **Indican** (?).
4. **Pyrocatéchine.** La pyrocatéchine se présente notamment à la suite d'une alimentation végétale ; chez l'homme, elle n'existe qu'en minimes quantités. Elle est relativement assez abondante dans l'urine du cheval, à laquelle elle donne une coloration brunâtre, après un certain temps d'exposition à l'air. — La tendance des urines contenant de **l'alcaptone** à brunir en présence des alcalis, par absorption d'oxygène dépend probablement de la pyrocatéchine qu'on doit considérer comme identique à l'alcaptone.

B. Éléments réducteurs anormaux de l'urine.

Ces éléments proviennent de l'usage de certains médicaments qui passent dans l'urine sous des formes plus ou moins modifiées.

1. **Térébenthine.** A la suite de l'usage interne de la térébenthine à doses médicinales, on constate dans l'urine une quantité relativement considérable d'une substance réductrice, quantité qui équivaut à 0, 35 — 0,76 % de sucre de raisin. Cette substance donne la même réaction que le sucre, non seulement avec le liquide d'*Almén-Nylander*, mais encore avec le procédé de *Fehling* modifié par *Worm-Müller;* en outre, elle parait également fermentescible. Par contre, au polarimètre, elle se montre tout-à-fait inactive (*H. J. Vetlesen*). Pour avoir l'assurance que, dans un cas donné, la réduction constatée dépend du sucre et non de la térébenthine, on ajoute à 100 cc. d'urine 5 cc. d'acide chlorhydrique concentré, et on laisse reposer le mélange pendant 24 à 48 heures. Si la réduction dépend du sucre, elle existera encore après ce temps; au contraire, elle aura disparu, si elle provient de la térébenthine (*H. J. Vetlesen*).

2. **Chloroforme.** L'urine émise pendant la narcose chloroformique donne une réduction à cause de la présence de chloroforme non modifié.

3. **Hydrate de chloral.** Le chloral passe également dans l'urine sous forme d'acide urochloralique qu'on peut trouver chez les personnes qui, pendant un certain temps, ont pris une dose quotidienne de 5 à 6 grammes de chloral.

4. **Benzoate de soude.** Chez le chien, et aussi chez l'homme, après l'usage de ce sel à fortes doses, on a rencontré dans l'urine une substance réductrice; mais, il s'agit en ce cas, d'un symptôme d'empoisonnement.

Dans les expériences physiologiques, on a encore constaté la présence d'éléments réducteurs à la suite de l'administration des substances suivantes :

5. **Glycérine.**

6. **Camphre.** A la différence des substances précédentes, l'élément réducteur, l'acide glycuronique, est en même temps dextrogyre.

7. **Orthonitrotoluol.**

8. **Copahu.** D'après *Quincke*, à la suite de l'ingestion de copahu, l'urine par addition d'acide chlorhydrique, prend une coloration rose qui passe au violet au bout d'un certain temps. Cette matière colorante appelée rouge de copahu est considérée par *Quincke* comme un acide qui forme des sels incolores, bien solubles, décomposables seulement par les acides minéraux. L'urine intacte, aussi bien que l'urine traitée par l'acide chlorhydrique, réduit les solutions alcalines de cuivre : toutefois, dans l'urine traitée par l'acide chlorhydrique, la précipitation de l'oxydule de cuivre se fait avec une certaine difficulté. Le plan de polarisation est dévié à gauche.

9. **Cubèbe.** L'ingestion d'huile de cubèbe (1 à 2 grammes) amène également, d'après *Quincke,* dans l'urine additionnée d'acide chlorhydrique une coloration rouge analogue, mais moins prononcée que pour le copahu.

ACÉTONE.

Déjà depuis longtemps, on a remarqué que l'urine ainsi que l'haleine des diabétiques, exhale souvent une odeur particulière de vin ou de fruit. Les recherches récentes ont établi que cette odeur provient de **l'acétone.** Au point de vue chimique, l'acétone dérive par oxydation de l'alcool propylique secondaire; elle se rencontre en très petite quantité dans l'urine des individus sains, comme **produit normal de la désassimilation** (*von Jaksch*). — On observe une **augmentation de la quantité d'acétone** : dans les maladies fébriles, notamment dans les maladies infectieuses, dans le diabète (1), dans certains cas de **carcinome**; en outre, on a fait de l'acétonurie, un état morbide indépendant.

Analyse qualitative : 1. On soumet à la distillation 1/4 à 1/2 litre d'urine : les premières gouttes du distillat sont additionnées d'un peu de lessive de potasse et d'une solution d'iode dans l'iodure de potassium. S'il existe plus

(1) Certains auteurs considèrent l'accumulation d'acétone dans le sang, autrement dit l'acétonémie, comme la cause du coma diabétique. Il s'en faut que cette manière de voir soit à l'abri de toute objection.

que des traces d'acétone, il se formera un précipité d'iodoforme qui, au microscope, montre des tablettes hexagonales ou des étoiles à six rayons (**réaction de l'iodoforme** de *Lieben*). — Toutefois, cette réaction n'est pas absolument démonstrative de la présence de l'acétone; il y a d'autres substances volatiles qui peuvent donner lieu à la production d'iodoforme : on peut citer, par exemple, l'alcool. Cependant, quand il s'agit d'alcool, l'iodoforme ne se produit qu'au bout de plusieurs minutes, tandis qu'avec l'acétone, il se forme rapidement (*von Jaksch*).

2. *Penzoldt* recommande la méthode suivante indiquée par *Baeyer* et *Drewsen :* On porte à l'ébullition quelques cristaux d'**orthonitrobenzaldéhyde** (substance explosible!) avec un peu d'eau, jusqu'à ce que la solution soit faite, puis, on laisse refroidir ; pendant le refroidissement, l'aldéhyde se précipite en forme de nuage blanchâtre. Alors, on ajoute le liquide à examiner, c'est-à-dire le produit de la distillation de l'urine et, au moyen de la lessive de soude, on détermine une réaction nettement alcaline. S'il y a de l'acétone, dans l'espace de dix minutes environ, il se produit une coloration jaune et verte et finalement, un précipité d'indigo; s'il n'y a que des traces, en ajoutant au liquide jaunâtre quelques gouttes de chloroforme et en secouant, on obtiendra après un certain temps, une coloration indigo nette du chloroforme. Cette réaction est délicate. De l'acétone pur peut être reconnu encore manifestement par agitation avec le chloroforme au degré de dilution de 1 sur 2000 d'eau.

La réaction par le perchlorure de fer, réaction de *Gerhardt*, consiste dans la coloration rouge-bourgogne que prend l'urine par l'addition de quelques gouttes d'une solution de perchlorure de fer. Cette coloration se présente notamment dans le diabète et le plus souvent, dans les formes dites graves. En même temps que la réaction par le perchlorure de fer, *Külz* a constaté dans de l'urine diabétique dont tout le sucre avait subi la fermentation, un pouvoir rotatoire gauche manifeste, dû à la présence d'acide oxybutyrique.

SULFODIAZOBENZOLRÉACTION. (*Diazoréaction.*)

Les combinaisons diazoïques qui proviennent de l'action

de l'acide nitrique sur les amines primaires de la série aromatique, par exemple, sur l'aniline, se distinguent par des propriétés particulières comme réactifs. Elles s'unissent à un très grand nombre de corps de la série aromatique (aux monoamines et aux diamines primaires, secondaires et tertiaires, aux mono-, di- et polyphénols ainsi qu'à beaucoup d'acides et d'oxacides), pour former des combinaisons azoïques, substances colorantes dans lesquelles deux noyaux benzol sont reliés par le groupe — N-N. — Ainsi, par exemple, du nitrate de diazobenzol et d'aniline, par suite de la mise en liberté de l'acide nitrique, naît l'amidoazobenzol, matière colorante jaune.

Ehrlich a cherché à utiliser la facilité de combinaison de ces composés diazoïques pour découvrir dans l'urine des éléments encore inconnus et, en réalité, il a obtenu dans certains cas, des réactions de coloration par leur addition à l'urine. *Ehrlich* n'emploie pas le véritable composé diazoïque, à savoir : l'acide diazobenzolsulfurique, mais l'acide sulfanilique du commerce. Son réactif est constitué de la façon que voici : on verse 50 c. c. d'acide chlorhydrique dans un litre d'eau et l'on ajoute de l'acide sulfanilique jusqu'à saturation (1). 250 c. c. de ce liquide qu'on tient prêt à l'avance, sont additionnés de 5 c. c. d'une solution de nitrite de sodium à 1/2 %. Pour pratiquer la réaction, on mélange, parties égales d'urine et de réactif et on sature d'ammoniaque. Dans l'urine **normale**, on n'aperçoit pas de modification, ou seulement une teinte jaune (**réaction primaire**); par addition d'ammoniaque ou de lessive de potasse, on obtient une couleur jaune ou orange (**réaction secondaire**), mais cette couleur n'est jamais assez intense pour se communiquer à la mousse qu'on produit en secouant le liquide. Dans les urines **pathologiques**, lorsqu'il s'agit d'un cas typique, il se manifeste une belle coloration carmin ou rouge écarlate dont la nuance peut être appréciée à la mousse. En laissant cette urine reposer pendant 12 à 24 heures, jusqu'à ce qu'il se soit formé un précipité, on observe vers les couches supérieures du précipité, une zône plus ou moins large qui se distingue par une couleur foncée intense, vert, vert-noirâtre ou violet.

(1) Il n'est pas indispensable que la solution d'acide sulfanilique soit saturée; 1 gr. de cet acide par litre pourrait suffire.

(Coloration tertiaire). — Les états pathologiques dans lesquels cette « réaction rouge » se présente sont, d'après *Ehrlich*, tout d'abord les maladies fébriles, en particulier **la fièvre typhoïde** et **la rougeole;** ensuite, généralement les formes graves de **phthisie,** pour laquelle la réaction constitue donc un signum mali ominis; **le rhumatisme, l'érysipèle, la méningite,** n'offrent point la réaction caractéristique.

Il n'est pas encore possible d'émettre un jugement définitif sur la valeur de la réaction d'*Ehrlich*. D'une part, les éléments qui déterminent la coloration restent toujours inconnus; d'autre part, il y a d'autres substances qui donnent une réaction analogue : ainsi, **le sucre de raisin** (quand on alcalinise avec la potasse au lieu de l'ammoniaque (*Penzoldt*), **les peptones** (*Petri*), **l'acide nitrique** (*Weyl*). Si, de plus, on considère que la réaction varie suivant qu'on emploie l'acide diazobenzolsulfurique ou le réactif d'*Ehrlich*, on devra bien convenir que la signification de cette réaction si intéressante au point de vue théorique, n'est pas absolument précise et que, par suite, son importance pratique est pour le moment bien peu considérable.

Observation. Ainsi que nous l'avons indiqué tout à l'heure, *Penzoldt* a constaté que l'urine **diabétique** additionnée d'une solution aqueuse d'**acide diazobenzolsulfurique pur** prend, après un certain temps, une coloration rouge foncé. Cette coloration, d'un beau rouge-cerise avec reflet bleuâtre, est encore manifeste pour des solutions de 1 sur 32000.

L'acide urique ne donne pas la réaction. — Cette réaction n'appartient pas exclusivement au sucre de raisin : elle ne repose pas sur un simple processus de réduction; cependant, la présence d'un moyen énergique de réduction (amalgame de sodium) rend la modification de couleur plus rapide et plus intense. — L'exécution de la réaction a lieu comme suit : dans un tube à réaction, on verse quelques c. c. d'urine qu'on rend fortement alcaline par la potasse, on ajoute un volume égal de la solution légèrement alcaline du réactif. Après un quart d'heure environ, l'urine sucrée devient rouge et opaque; la mousse se colore en rouge; un morceau de papier à filtrer qu'on y plonge prend une teinte rose-rouge. Dans le but de contrôler, on fait la même réaction sur de l'urine normale.

BILE.

La matière colorante de la bile qui peut se rencontrer dans l'urine, dérive du foie, par suite d'un trouble de la sécrétion biliaire (ictère hépatogène), ou bien, elle résulte d'une transformation de la matière colorante du sang, transformation qui s'est opérée dans le sang lui-même (ictère hématogène). Dans la plupart des cas d'ictère, la matière colorante de la bile est accompagnée dans l'urine par les acides biliaires ; mais parfois, ceux-ci font défaut. La présence ou l'absence des acides biliaires constitue le signe essentiel sur lequel on a voulu établir la distinction entre l'ictère hépatogène et l'ictère hématogène.

En général, la coloration ictérique peut être reconnue plus tôt sur l'urine que sur la peau ou les muqueuses : aussi, la constatation de la matière colorante de la bile offre-t-elle une certaine importance diagnostique.

MATIÈRE COLORANTE DE LA BILE.

A côté des deux substances les plus importantes, à savoir, **la bilirubine** et **la biliverdine**, on indique encore la bilifuscine et la biliprasine.

L'urine ictérique est fortement colorée, rouge-brunâtre, vert-brunâtre, parfois vert-pré. Par agitation, il se forme une mousse jaune, avec reflet nacré, (Betz) ; la mousse des urines foncées, mais exemptes de bile est, au contraire, toujours blanche. Ce n'est qu'après l'usage interne de santonine ou d'acide picrique qu'elle présente une coloration jaune. Au microscope, les cellules épithéliales, les cylindres ou les cristaux, par exemple ceux d'oxalate de chaux qui se rencontrent dans l'urine, montrent souvent une belle couleur jaune.

RECHERCHE DE LA MATIÈRE COLORANTE DE LA BILE.

1. *Réaction de Gmelin.*

On verse quelques cc. d'urine dans un tube à réaction ou dans un verre pointu, puis, avec précaution, au moyen d'une pipette, on laisse couler le long de la paroi du vase 2 à 3 cc. d'acide nitrique faible, jaune, c'est-à-dire de l'acide nitroso-nitrique (1). S'il y a de la matière colorante de la bile, on verra, à la surface de contact des deux liquides qui ne doivent pas être mélangés, se former un anneau **vert** qui s'étendra peu à peu vers les couches supérieures : sous cet anneau vert, il se produira en même temps, d'abord un anneau bleu, puis un violet, puis un rouge et enfin, un anneau jaune. De ces différents anneaux, le vert seul est caractéristique du pigment biliaire : en effet, l'action de l'acide nitrique sur les principes colorants de l'urine, notamment l'indican, peut donner lieu à des anneaux rouges et violets. A moins que la matière colorante de la bile n'existe en très petites quantités, la présence de l'albumine n'empêche pas la réaction ; au contraire, la coloration verte ressort encore plus nettement sur le fond gris-blanchâtre du précipité albumineux.

La réaction de *Gmelin* a subi une foule de modifications ; la meilleure assurément est celle que l'on doit à *Rosenbach*.

2. *Réaction de Rosenbach.*

On filtre une certaine quantité de l'urine soumise à l'examen, puis, on arrose d'acide nitrique jaune la face interne du filtre encore humide. Les différentes colorations de la réaction de *Gmelin* se manifestent et la réaction ainsi modifiée parait être un peu plus sensible.

D'autres modifications consistent à mélanger l'acide et

(1) On peut transformer l'acide nitrique ordinaire en acide jaune de différentes façons : ou bien, par l'exposition à la lumière ; ou bien, par le mélange avec deux parties d'acide nitrique fumant ; ou bien, en soumettant à l'action de la chaleur de l'acide nitrique ordinaire dans lequel on a plongé un petit fragment de bois.

l'urine dans une **capsule de porcelaine**, sur une **plaque de marbre**, sur du **sulfate de baryte** ou sur du **sulfate de chaux** (1). Dans tous ces cas, on observe les différents anneaux colorés.

La réaction de *Gmelin* avec ou sans modification est très bonne, mais ne possède pas une sensibilité suffisante pour déceler de petites quantités de pigment biliaire. Il faut en pareil cas, **isoler la matière colorante** et pour cela agiter 10 à 50 cc. d'urine avec du **chloroforme**; celui-ci absorbe la bilirubine et se colore en jaune intense. On ne doit pas agiter trop fortement : car, il se formerait une émulsion dont le chloroforme ne se séparerait que lentement et avec peine. Le mieux est de renverser quelques fois le tube à réaction en obturant son extrémité ouverte avec le pouce; après quelques instants, le chloroforme gagnera le fond. On évacuera l'urine qui surnage et on opérera la réaction au moyen de la solution chloroformique.

La séparation de l'urine et du chloroforme n'est pas toujours aisée : en cas de difficulté, on pourra se servir d'un entonnoir à cloison.

En réalité, seul l'**indican** peut donner lieu à confusion. Lorsqu'il se présente en quantité notable, sa coloration bleue combinée à la couleur jaune de l'urine fera parfois l'impression du vert. Cependant, la couleur bleue est d'ordinaire tellement dominante qu'une erreur n'est point possible. Dans les cas douteux, on se servira du chloroforme : celui-ci demeurera incolore quand il s'agira

(1) On étend et on laisse dessécher une couche de plâtre sur un petit éclat de bois.

d'urine riche en indican et exempte de pigment biliaire.

3. **Réaction par l'iode** (*Maréchal*). Par l'addition de quelques gouttes de teinture d'iode qui constitue, comme l'acide nitrique, un moyen énergique d'oxydation, l'urine ictérique prendra une coloration **vert-émeraude**. — Au lieu de teinture d'iode, on peut employer **l'eau de brôme.**

4. **Réaction au moyen de la filtration et de l'acide acétique** (*Penzoldt*). On fait passer à travers un filtre de moyenne dimension ou mieux, un filtre double, une certaine quantité d'urine. Lorsque le filtre est séché, on le mouille dans toutes ses parties avec quelques c.c. d'acide acétique concentré. S'il y a de la matière colorante de la bile, celui-ci, après son passage à travers le filtre, présentera une teinte jaune-verdâtre qui, à la longue, deviendra verte ou même bleu-verdâtre. En chauffant doucement une portion du liquide, la coloration verte se produira plus rapidement. Après dessiccation, le filtre offre des bords verdâtres.

5. **Réaction de Huppert.** On ajoute à l'urine de l'ammoniaque et du chlorure de chaux; s'il y a de la matière colorante de la bile, le précipité contiendra de la bilirubine. Ce précipité est séparé par filtration, lavé et pendant qu'il est encore humide, il est mélangé dans un tube à réaction avec de l'alcool fort, contenant de l'acide sulfurique. Par la chaleur, le liquide deviendra vert-émeraude ou bleu-verdâtre.

Observations. Pour constater la présence de la **bilirubine** seule, on peut, d'après *Ehrlich*, faire usage du **sulfo-diazobenzol.**

Ehrlich conseille d'additionner l'urine d'un volume égal d'acide acétique dilué, puis d'ajouter goutte à goutte le réactif (acide sulfanilique 1.0 sur 1000 c.c. d'eau distillée, 15 c.c. d'acide chlorhydrique et 0.1 nitrite de sodium). Si le liquide prend une teinte foncée, l'addition ultérieure d'acide (acide acétique, par exemple), déterminera la couleur **violette** caractéristique de la bilirubine. — Comme nous l'avons dit, cette réaction ne peut servir que pour la bilirubine : elle n'est donc pas en état de remplacer la réaction de *Gmelin*, qui décèle la plupart des matières colorantes de la bile.

2. Dans quelques cas où les matières colorantes de la bile

sont décomposées, aucune des réactions que nous avons indiquées ne fournit de résultat positif.

D'après *Ultzmann*, on peut, en pareille occurrence, reconnaître la bilifuscine à la coloration brune que prennent des bandes de toile ou de papier à filtrer que l'on a trempées dans l'urine. — D'ailleurs, l'état ictérique dépend parfois de l'urobiline et non pas de la bilirubine (ictère urobilinique); en ce cas, on le conçoit, la réaction de *Gmelin* ne fournira aucun résultat. (Pour le rapport entre l'urobiline et la bilirubine v. p. 4).

ACIDES BILIAIRES. (*Acide glycocholique, taurocholique, cholalique*).

Si l'on fait abstraction des traces constatées dans l'urine normale (sur 100 litres, 0.7 à 0.8 gr. *Dragendorff*), on peut dire que les acides biliaires se rencontrent principalement ou exclusivement en cas d'ictère hépatogène; même alors, ils n'existent qu'en très petites quantités.

C'est précisément cette faible proportion qui contribue, pour une part, à rendre leur constatation dans l'urine si difficile. En outre, la réaction de *Pettenkofer*, qui est la plus usuelle et la plus commode, ne peut pas s'appliquer directement à l'urine; cette réaction est la suivante : on ajoute quelques gouttes d'une faible solution de sucre (1/20 %), puis, on additionne, avec précaution, d'acide sulfurique concentré et on chauffe à une température qui ne doit pas dépasser 60 à 70 degrés centig. : lorsqu'il y a des acides biliaires, on obtient une coloration **violet pourpre.** Or, l'acide sulfurique décompose l'indican et produit ainsi une couleur rouge vin ou violet-rouge ; voilà pourquoi on ne peut pas opérer directement sur l'urine.

Le même motif doit faire rejeter la modification apportée par *Strassburg* à la réaction de *Pettenkofer* : du papier à filtrer est trempé dans l'urine, desséché, puis mouillé au moyen d'une baguette de verre avec une goutte d'acide sulfurique, exempt d'acide nitrique; après un quart de minute, il se formera une raie violette qui s'apercevra nettement, surtout par transparence.

En règle générale, on est donc obligé d'**isoler** les acides biliaires. Dans ce but, on évapore au bain-marie une assez

9

grande quantité d'urine à peu près jusqu'à siccité, puis on extrait par l'alcool et l'on fait de nouveau évaporer l'extrait avec précaution, dans une capsule de porcelaine; enfin, on dissout le résidu dans quelques gouttes d'eau. Cette solution sert à la réaction de *Pettenkofer*.

Observation. Si l'on veut faire l'essai directement sur l'urine, celle-ci doit être exempte d'albumine qui donne une réaction analogue.

S'il est bien certain que le pigment et les acides biliaires passent dans l'urine, il est, d'autre part, fort douteux qu'un autre élément de la bile, à savoir, **la cholestérine**, soit éliminée par les reins. En tous cas, sa présence dans l'urine est fort rare; elle ne parait se rencontrer parfois qu'en cas de chylurie. — La cholestérine forme très exceptionnellement une partie constituante des **calculs urinaires.**

CYLINDRES URINAIRES.

Sous ce nom, on désigne différents éléments microscopiques découverts par *Henle* en 1842, éléments plus ou moins allongés, arrondis, ordinairement solides, qui se forment dans les canalicules des reins et qui sont entraînés par l'urine. On distingue des cylindres **hyalins, cireux, granuleux, épithéliaux.**

On doit encore mentionner les cylindre **hémorragiques,** ainsi que les **cylindroïdes** que plusieurs auteurs rapprochent des cylindres proprement dits.

1. **Cylindres hyalins** (cylindres fibrineux) (voir fig. 17). Ce sont des éléments clairs, transparents, très pâles, tout à fait homogènes, flexibles, avec des contours faiblement accusés, ne se marquant souvent que par une zône légèrement ombrée. Les bords sont rectilignes, présentant souvent diverses sinuosités; le diamètre est uniforme sur toute la longueur, ou bien, il diminue légèrement vers une des extrémités. Celles-ci sont coupées nettes ou un peu arrondies ou irrégulièrement brisées, parfois

Fig. 17.

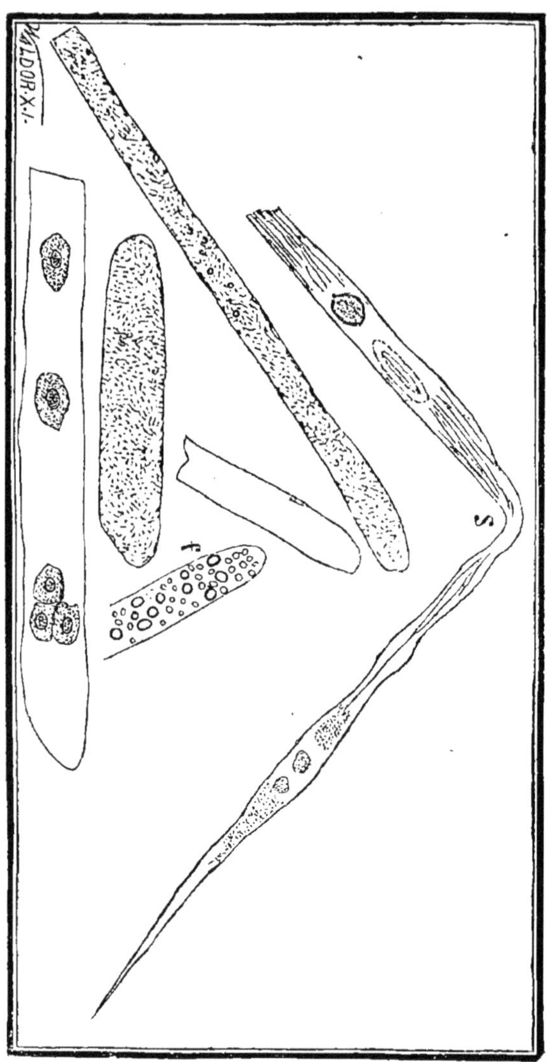

f. Cylindre hyalin présentant des gouttelettes graisseuses à sa surface.
s. Filament de mucus.

divisées en plusieurs parties ou enfin, amincies et tordues à la manière d'un tire-bouchon. Les cylindres hyalins sont ordinairement longs et étroits ; parfois, ils traversent tout le champ du microscope; pourtant, parfois aussi, ils se présentent en forme de blocs courts, comme brisés. La largeur est également variable. — **Au point de vue chimique,** ces cylindres sont facilement détruits par l'eau distillée, par la chaleur et par l'alcalinité de l'urine; ils résistent au contraire assez bien aux acides et par suite, se conservent longtemps intacts dans l'urine acide.

L'aspect des cylindres est souvent modifié par **le dépôt de divers éléments** provenant de l'urine ou des reins, ainsi des granulations d'urates, de phosphates, des cristaux d'oxalate de chaux, des granulations graisseuses, des gouttelettes graisseuses, des cellules rondes, des globules rouges du sang, des cellules épithéliales du rein, des noyaux libres, etc. Certains de ces dépôts, comme ceux de granulations d'urates, de phosphates, de fines granulations graisseuses, n'ont guère de signification; au contraire, ceux de gouttelettes graisseuses volumineuses (fig. 17, *f*), de cellules en dégénérescence graisseuse, de cellules épithéliales du rein présentent une notable importance.

Par suite de leur transparence, les cylindres hyalins échappent aisément à un œil peu exercé : pour faciliter leur constatation, il sera bon d'employer une substance colorante quelconque. Ce qui convient le mieux, c'est une solution d'iode iodurée, saturée, qui les colore en jaune. On peut encore se servir de carmin, d'acide picrique, d'acide chromique, du réactif de *Millon*, d'une couleur d'aniline (à l'exception du brun de Bismarck). — Parfois, ils se présentent dans l'urine avec une coloration particulière, par exemple, avec une teinte brunâtre en cas d'hématurie rénale, avec une teinte jaune, en cas d'ictère.

2. **Cylindres cireux** (fig. 18). Les cylindres cireux ressemblent aux cylindres hyalins et sont parfois, comme ceux-ci, complètement homogènes : ils s'en distinguent pourtant par leur plus grande réfringence. Ils ont un **aspect terne** analogue à celui de la cire, leur couleur est **jaunâtre,** leurs contours sont **très nets** ce qui permet de les reconnaître aisément. D'ordinaire, ils sont courts, épais; quelquefois, cependant, ils ont une longueur notable. Leurs bords sont rectilignes ou inégaux, munis d'entailles; leur consistance est cassante; sous la pression du couvre-objet, ils se divisent facilement et présentent des fissures dans toutes les directions.

FIG. 18.

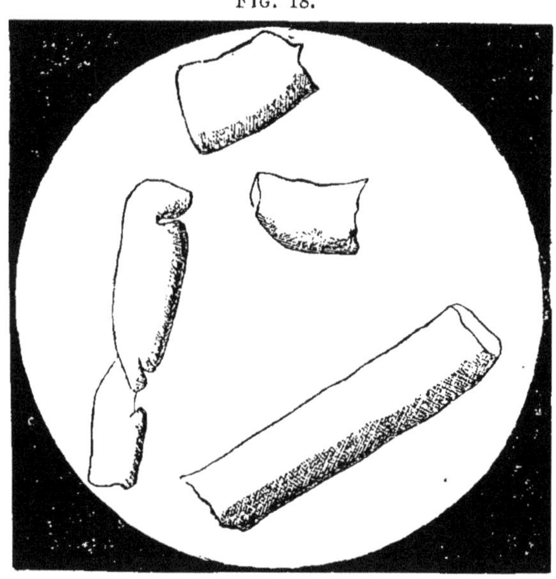

Cylindres cireux.

— A côté de cylindres bien formés, on rencontre parfois

des masses globuleuses, plus ou moins régulières, réfringentes, que l'on doit considérer comme des cellules épithéliales dégénérées, gonflées.

Les cylindres cireux donnent parfois la **réaction amyloïde,** c'est-à-dire qu'ils se colorent **en brun** par la solution iodurée d'iode, puis **en vert** par l'acide sulfurique et qu'ils prennent une coloration **rouge** par le violet de méthyle.

3. **Cylindres granuleux** (fig. 19 et 20). Leur caractère réside dans leur aspect complètement granuleux. Ils sont moins transparents que les cylindres précédents, et par suite, plus foncés, rappelant le verre mat. Ils sont ordinairement plus larges que les cylindres hya-

FIG. 19.

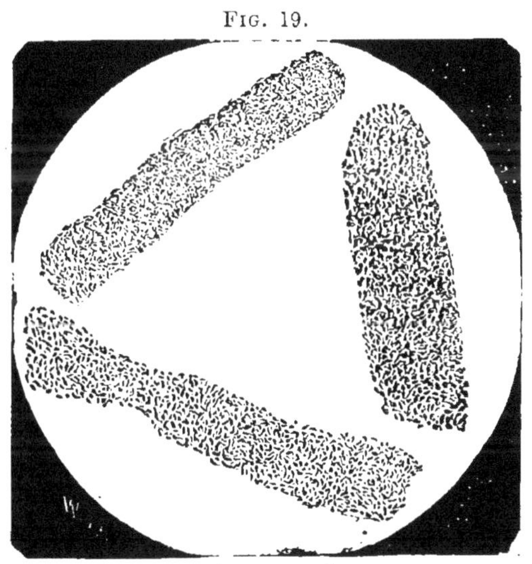

Cylindres granuleux.

lins, parfois même très larges et, en même temps, très courts; leurs bords sont ou rectilignes et parallèles, ou irréguliers avec des saillies et des dépressions. Il arrive que ces dépressions se présentent à intervalles réguliers, comme si le cylindre était formé de plusieurs pièces (cellules épithéliales ?). Les extrémités sont arrondies en forme de doigt ou irrégulières, un peu dentelées et comme rongées. — D'après la dimension des granulations, on distingue des cylindres **finement granuleux** et **grossièrement granuleux** (voir les figures). Les granulations sont formées d'**albumine** et, dans ce cas, elles sont pâles et disparaissent par l'acide acétique, ou bien, de **graisse**, et alors elles sont brillantes et résistent à l'acide acétique. — Il y a entre les deux sortes de cylindres granuleux des transitions : de même, il n'existe pas de séparation absolument tranchée entre les cylindres granuleux et les

Fig. 20.

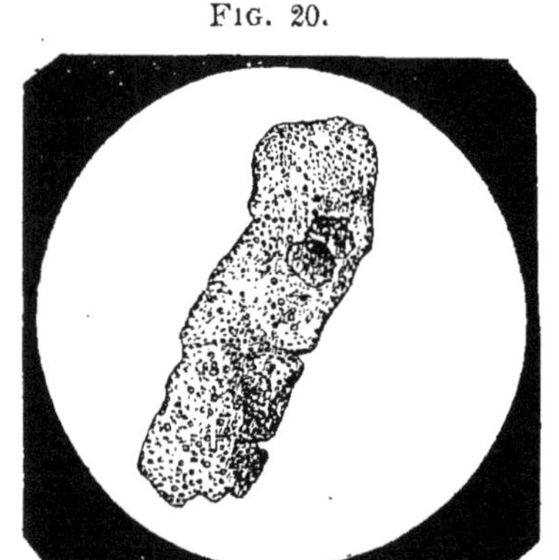

Cylindre granuleux. (D'après *Fürbringer.*)

cylindres hyalins ; bien plus, un même cylindre peut présenter des parties hyalines, des parties finement granulées et des parties grossièrement granulées.

Il y a trois manières de voir principales pour rendre compte de **l'origine** des cylindres. On rapporte leur formation : *a*) à une **sécrétion** particulière des cellules épithéliales du rein ; ou bien, *b*) à une **transformation** des cellules épithéliales ; ou bien, *c*) à **la coagulation** de substances albuminoïdes transsudées. Cette dernière opinion expliquerait la présence simultanée d'albumine et de cylindres.

Quant à **la signification clinique** des cylindres, voici ce qu'il y a à remarquer. En réalité, la présence des cylindres démontre simplement que l'albuminurie constatée est une albuminurie **vraie**, c'est-à-dire que l'albumine provient des reins et non point du mélange avec l'urine de substances albumineuses, pendant son évacuation au dehors. Mais il n'est pas du tout légitime de conclure immédiatement de la présence de quelques cylindres à l'existence d'une véritable maladie des reins. Au contraire, on trouvera des cylindres, surtout les hyalins, dans la plupart des cas d'albuminurie vraie, alors même que celle-ci dépend de troubles circulatoires, de maladies fébriles, d'anomalies constitutionnelles, etc. Pourtant, dans la majorité de ces cas, les cylindres qu'on rencontre sont seulement des cylindres hyalins, tandis que les cylindres grossièrement granuleux ou hyalins sont plus rares. Par conséquent, lorsque ces cylindres sont **très abondants**, ou qu'ils s'accompagnent de cylindres **grossièrement granuleux** ou de cylindres hyalins avec des **gouttelettes graisseuses** ou de cylindres **cireux**, il y a grande probabilité qu'on a réellement affaire à une **néphrite.** Toutefois, même en ce cas, il faut user de prudence. Chez un malade atteint de sténose mitrale, l'auteur a observé dans l'urine qui était très riche en albumine (2,4 %) de nombreux cylindres hyalins et granuleux, ainsi que quelques cylindres épithéliaux; or, à l'autopsie, on ne trouva du côté du rein, que les altérations habituelles de la stase.

D'autre part, il y a des maladies du rein graves et bien développées, dans lesquelles les cylindres manquent complètement ou ne se présentent qu'en petit nombre (par exemple, le rein contracté). — Les différentes espèces de cylindres permettent moins encore de tirer une conclusion certaine sur **la nature exacte** de la maladie rénale présumée. Pourtant, en tenant compte de l'aspect de l'urine et de ses autres propriétés, on peut en déduire certaines indications de probabilité :

Les cylindres hyalins se rencontrent dans toutes les formes (aiguës et chroniques) du mal de Bright, ou isolés ou associés aux cylindres cireux et granuleux. Ce sont, au reste, les cylindres les plus communs.

Les cylindres granuleux se présentent plus rarement dans les états aigus, mais ils se montrent surtout, dans les états sub-aigus et particulièrement dans les états chroniques.

Les cylindres cireux se présentent également de préférence dans les néphrites chroniques, mais aussi dans les néphrites aiguës lorsque celles-ci existent depuis un certain temps. D'après *Bartels* et *Bizzozero*, leur présence indiquerait en général une maladie profonde du rein : néanmoins, on l'a constatée également d'une façon indubitable, dans le rein de stase (v. plus haut). Pour diagnostiquer le rein amyloïde, il ne suffit point d'obtenir sur les cylindres la réaction caractéristique de la matière amyloïde ; qu'on se rappelle, en effet, l'observation de *Friedreich*, qui a vu des masses fibrineuses anciennes dans des hématocèles devenir amyloïdes. — Au surplus, on a admis avec assez de vraisemblance, que les cylindres cireux ne sont, en réalité, que d'anciens cylindres hyalins ayant séjourné longtemps dans les reins sans être entraînés par l'urine. Si cette manière de voir est juste, il s'ensuit naturellement que les cylindres cireux ne peuvent point prétendre à une signification bien importante.

La présence d'un grand nombre de cylindres courts et larges, granuleux ou cireux, dénote un arrêt de la sécrétion urinaire et annonce une fin prochaine (*Bartels*).

4. **Cylindres épithéliaux** (fig. 21). Ces cylindres se présentent, ou bien, sous forme de tubes creux constitués d'épithélium rénal (fig. 21*n*), ou bien, sous forme d'élément solide avec un substratum de matière hyaline ou granuleuse dont la surface est revêtue d'épithélium rénal plus ou moins altéré, c'est-à-dire intact ou atteint de dégénérescence graisseuse. Entre les cylindres épithéliaux parfaitement développés et les cylindres recou-

verts ça et là seulement de cellules épithéliales, il y a, cela va sans dire, une foule de transitions. — Dans les

Fig. 21.

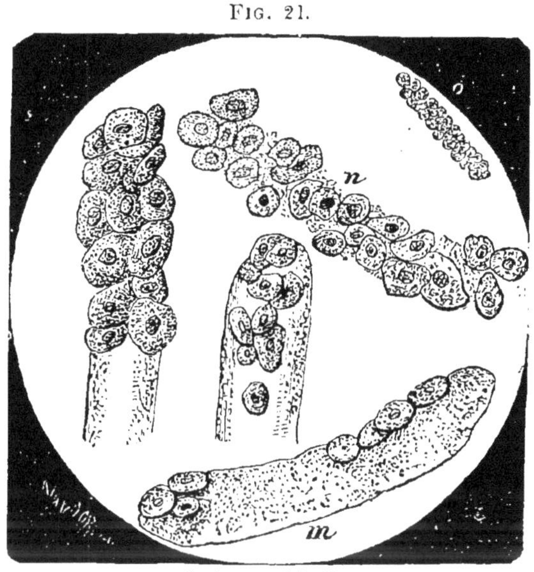

Cylindres épithéliaux.

n. Cylindre en forme de tube creux. — *m*. Cylindre d'épithélium modifié (*Ultzmann*). — *o*. Cylindre épithélial à un très faible grossissement.

cylindres épithéliaux modifiés, les cellules épithéliales, par suite de la fusion réciproque, sont devenues indistinctes et ne peuvent plus être reconnues avec sûreté que vers les bords (fig. 21*m*). Le reste du cylindre est parfois constitué d'une masse coagulée, brunâtre, renfermant de nombreux corpuscules rouges du sang (cylindres bruns).

Les cylindres épithéliaux indiquent la desquammation de l'épithélium rénal : on les rencontre très souvent, par exemple, dans la néphrite post-scarlatineuse.

Observation. *Riedel* a observé pendant les premiers jours qui suivent les fractures, une forme particulière de cylindres minces, brunâtres, dont l'origine doit encore être établie.

5. **Cylindres hémorragiques** (voir fig. 16). Ces cylindres sont de simples coagulations sanguines qui se sont formées dans les reins et qui consistent en corpuscules rouges avec quelques globules blancs réunis par de la fibrine. Il est rare que ces globules rouges soient intacts : généralement, ils affectent la forme annulaire ils ont perdu leur matière colorante et constituent souvent un amas plus ou moins poussiéreux ; bref, ils présentent les caractères que nous avons donnés antérieurement comme plus ou moins distinctifs de l'hématurie rénale (voir p. 95). Aussi, au point de vue du diagnostic de cette forme d'hématurie, ces cylindres constituent, ainsi qu'il a été dit, un symptôme de majeure importance.

Il reste encore à mentionner :

6. **Les cylindroïdes.** Les cylindroïdes ne sont pas toujours ronds, mais souvent aplatis, rubannés, quelquefois contournés en spirale, allongés, avec une surface striée et des extrémités dentelées. On les observe non seulement dans les maladies des reins, mais encore, dans les cystites et même dans les urines normales. Actuellement, ils ne possèdent pas de signification précise.

Nous devons dire un mot des **pseudo-cylindres**, c'est-à-dire de certains éléments qui, en raison d'une certaine ressemblance extérieure avec les cylindres, pourraient donner lieu à confusion.

Parmi ces éléments, **les filaments muqueux** dont il a été déjà question, sont les plus importants au point de vue pratique (v. fig. 17 *s*). On les distingue aisément, non seulement par leur longueur généralement considérable, par leur surface striée, par leur forme sinueuse, irrégulière, mais surtout, par les caractères de leurs extrémités qui sont très irrégulières, souvent renflées en massue, d'autres fois, au contraire, très allongées et effilées. — Différents **sels**, notamment les urates, se précipitent parfois, déjà dans les canalicules urinifères et sont alors éliminés sous forme de masses cylindriques : cela est surtout le cas pour l'urate acide d'ammoniaque dans l'infarctus des nouveau-nés. Il ne sera pas difficile de reconnaître ces « cylindres d'urates. » En cas de doute, on portera une goutte d'acide chlorhydrique sous le couvre-objet; la présence des urates sera bientôt indiquée par l'apparition des cristaux d'acide urique. — On rencontre également, mais moins souvent, dans l'urine que dans les reins, **des cylindres de chaux**. Ils se présentent dans les affections chroniques des reins, aussi bien dans la substance corticale que dans les pyramides, et ils se reconnaissent à leur solubilité par les acides.

Dans la pyémie, on observe des **cylindres formés de bactéries**. Ils ressemblent aux cylindres grossièrement granuleux, mais les granulations sont d'aspect plus uniforme; elles résistent fortement aux divers réactifs chimiques (par exemple, la potasse), et absorbent facilement les matières colorantes (par exemple, le brun de Bismarck).

Observation. Les divers filaments de lin, de soie, de coton, se distinguent sans peine des cylindres, même pour un œil peu exercé.

ÉPITHÉLIUM (fig. 22).

D'une manière générale, le revêtement épithélial des voies urinaires comprend trois couches : **la couche supérieure** est formée de grandes lamelles épithéliales, arrondies ou polygonales et pourvues de noyaux; **la couche moyenne** est constituée de cellules en forme de fuseau ou de massue dont l'extrémité arrondie s'enfonce dans les cellules de la couche sus-jacente et dont l'extrémité effilée s'insinue entre les cellules de la couche inférieure. Les cellules de cette **couche inférieure ou profonde** sont plus arrondies, ovales ou polygonales et beaucoup plus petites que celles de la surface (voir fig. 22 *b*, vers le bas. Le dessin a été fait

Fig. 22.

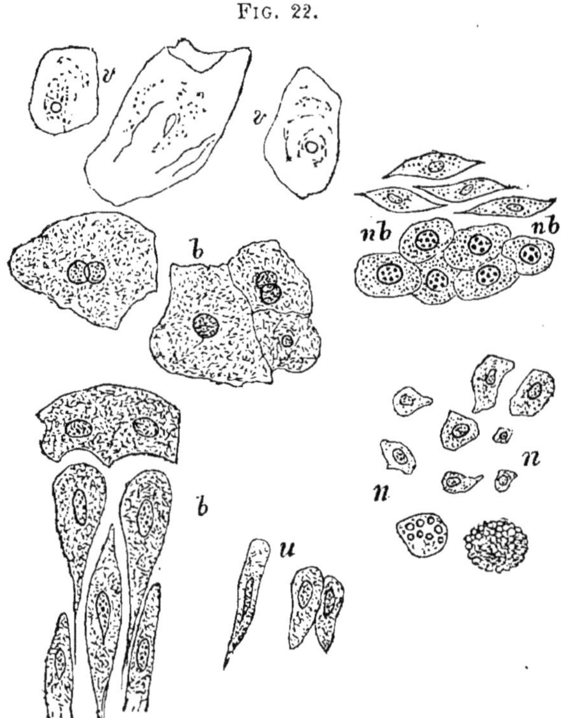

Cellules épithéliales.

v. Epithélium vaginal. — *b*. Epithélium vésical. — *nb*. Epithélium du bassinet. — *n*. Epithélium rénal. *u*. Epithélium de l'urèthre chez l'homme.

après raclage de l'épithélium vésical). — Par suite du processus normal de desquammation des muqueuses, les cellules de la couche supérieure sont constamment éliminées et de fait, elles se trouvent toujours dans la nubecula de l'urine **normale**, associées à quelques globules muqueux. On les rencontre en grande abondance, souvent en même temps que les cellules des deux couches plus profondes, dans tous les **états inflammatoires** des voies urinaires.

Abstraction faite de l'épithélium cylindrique caractéristique de l'urèthre chez l'homme (fig. 22 *u*), il n'est pas possible de formuler une distinction bien nette entre les revêtements épithéliaux des différentes parties des voies urinaires; néanmoins, pour la pratique, on peut indiquer quelques caractères spéciaux. L'**épithélium de la vessie** (fig. 22 *b* vers le haut) se distingue par de grandes cellules plates, irrégulièrement polygonales ou arrondies, pourvues d'un noyau bien distinct. — A vrai dire, l'épithélium du vagin, de la vulve, de l'extrémité inférieure de l'urèthre chez l'homme, ainsi que du prépuce est également tout à fait plat, mais, il est beaucoup plus mince, plus sec, analogue à des squammes et se rapprochant de l'épiderme. Les noyaux sont relativement petits (fig. 22 *v*). — L'**épithélium du bassinet** présente des formes très irrégulières : on y trouve notamment de nombreuses « cellules à queue ». Les cellules assez petites, rondes ou ovales, avec noyau volumineux et généralement réunies en groupes à la façon des tuiles d'un toit, étaient considérées autrefois comme presque pathognomoniques des inflammations du bassinet : aujourd'hui, on ne leur accorde que peu ou point de signification. L'auteur croit que, sous ce rapport, on a été un peu trop loin. Les cellules dont il s'agit avec leur groupement caractéristique ne sont certainement pas tout à fait significatives mais, associées à la réaction acide de l'urine, elles constituent un renseignement précieux pour le diagnostic différentiel entre la pyélite et la cystite (fig. 20 *nb*). — L'**épithélium rénal** ne se présente point dans l'urine normale ou seulement d'une façon très exceptionnelle; par contre, il est très fréquent dans les néphrites surtout dans la forme aiguë. Les cellules de cet épithélium sont petites, rondes ou indistinctement anguleuses avec un protoplasme très granuleux et un grand noyau brillant (fig. 22 *n*). En raison de leur petitesse, on pourrait les confondre avec les cellules rondes ordinaires : elles s'en distinguent cependant par leurs contours accusés et leur noyau bien apparent. — En cas de dégénérescence graisseuse des reins, on observe souvent dans l'épithélium de petites granulations graisseuses réfringentes ou des gouttelettes graisseuses. Lorsqu'elles existent en notable quantité, les cellules prennent l'aspect des cellules granuleuses ou des corpuscules de colostrum (fig. 22, *n* en bas).

Pour poser le diagnostic de **cancer de la vessie**, on s'est fondé sur la constatation dans l'urine de cellules épithéliales particulièrement grandes, irrégulières, souvent munies d'un prolongement (cellules à queues), pourvues d'un ou de plusieurs noyaux. Mais, ces « cellules cancéreuses » ne sont aucunement caractéristiques et l'on ne se croit plus en droit d'admettre un cancer parce que l'on rencontre un certain nombre de ces cellules **isolées**. L'examen de l'urine ne fournit une preuve de l'existence d'un cancer que dans le cas où il fait découvrir de véritables **fragments de tumeur**. Ceux-ci sont parfois reconnaissables à l'œil nu et se présentent sous forme de petits lambeaux, d'un rouge-clair, imbibés de sang : ils peuvent être portés directement sous le microscope, ou subir au préalable une courte dissociation. D'autres fois, ces fragments ne s'aperçoivent qu'à l'examen microscopique du sédiment qui est ordinairement abondant et mêlé de sang. Le cancer de la vessie affecte d'habitude la forme villeuse, et les parties de tissus se présenteront au microscope, sous l'aspect de végétations polypeuses avec une surface nue ou revêtue d'un épithélium cylindrique élégant.

SPERMATOZOÏDES.

La présence de spermatozoïdes dans l'urine est généralement la suite du coït, des pollutions et de l'onanisme. Mais, on la constate encore dans d'autres conditions, ainsi, après les attaques épileptiques ou apoplectiques, chez les malades atteints de fièvre typhoïde, dans la spermatorrhée par miction et défécation etc. D'ordinaire, les spermatozoïdes sont peu abondants mais, en certains cas, ils sont si nombreux qu'ils donnent à l'urine un aspect chyleux. — **La constatation des spermatozoïdes** se fait sans difficulté : leur aspect filiforme, leur tête courte, pyriforme est tout à fait caractéristique. Dans le cas de pertes séminales copieuses, on trouve, outre les spermatozoïdes. d'autres éléments particuliers (corpuscules de *Lallemand-Trousseau*) ressemblant aux grains de sagou cuit et pouvant atteindre la dimension d'une graine de lin. Ils gagnent toujours le fond; d'après *Fürbringer*, ils sont constitués d'une substance analogue à la globuline, et ils proviennent des vésicules séminales. En laissant le sperme se dessécher sur le porte-objet, on pourra observer les grands **cristaux du sperme** de *Böttcher*. On peut, du reste, les trouver également au bout de quelques heures, dans le liquide lui-même. D'après *Fürbringer*, il serait plus exact de les appeler cristaux prostatiques. Ils affectent la forme d'une double pyramide et répondent aux cristaux observés dans l'asthme par *Charcot*, *Neumann* et *Leyden*.

LEUCINE ET TYROSINE.

La leucine et la tyrosine sont deux produits de la métamorphose des substances albuminoïdes. Elles se présentent à l'état normal, dans le pancréas, dans le foie, la rate et les glandes lymphatiques, ainsi que dans toutes les circonstances où des matières albuminoïdes subissent la putréfaction (dans de vieux fromages, par exemple). En règle générale, ces deux substances se présentent simultanément. On ne les trouve point dans l'urine normale, mais leur présence a été constatée dans différentes maladies graves :

1. **Atrophie jaune aiguë du foie.** Elles feraient défaut dans **l'empoisonnement par le phosphore** ou ne se présenteraient qu'à l'état de traces. Pourtant, dans un cas incontestable d'empoisonnement par le phosphore, l'auteur

a constaté que l'urine évaporée renfermait de nombreux globules de leucine.

2. **Typhus et variole.** (inconstant).

3 **Anémie pernicieuse.** L'auteur les a observées dans un seul cas de cette affection.

D'ordinaire, la leucine et la tyrosine existent en solution : elles ne se précipitent à l'état de sédiment que lorsque leur proportion est très considérable. Pour les obtenir sous forme cristalline, il sera donc généralement nécessaire d'évaporer l'urine au bain-marie; on réussit parfois à les constater en laissant s'évaporer lentement une goutte d'urine sur le porte-objet. — On a prétendu que la leucine et la tyrosine pouvaient jusqu'à un certain point remplacer l'urée et que, par suite, la proportion de cette dernière substance était minime en comparaison de la proportion de leucine et de tyrosine. Mais, il s'en faut qu'un pareil rapport soit constant. Dans le cas d'empoisonnement par le phosphore mentionné plus haut, l'excrétion de l'urée n'avait pas diminué d'une façon notable et elle était même abondante chez le malade atteint d'anémie pernicieuse (plus de 30 grammes pour les 24 heures).

L'examen microscopique est le procédé le plus facile pour la **constatation** de la leucine et de la tyrosine (voir fig. 23).

a) La **leucine** se présente d'ordinaire sous forme de globules qu'on peut fort bien comparer à de grosses gouttelettes graisseuses colorées en brun. Un examen attentif permet souvent d'apercevoir plusieurs anneaux concentriques, ainsi qu'une fine striation rayonnée, ce qui donne à l'image une certaine ressemblance avec la coupe d'un arbre. L'urate acide d'ammoniaque seul pourrait prêter à confusion, mais ses globules sont plus petits et se réunissent ordinairement par paires; en outre, leur surface est souvent garnie de pointes (voir fig. 7 et 11); l'addition d'une goutte d'acide chlorhydrique sous le couvre-objet amènera la formation des cristaux bien connus d'acide urique. L'insolubilité de la leucine dans l'éther suffira à la distinguer de la graisse.

FIG. 23.

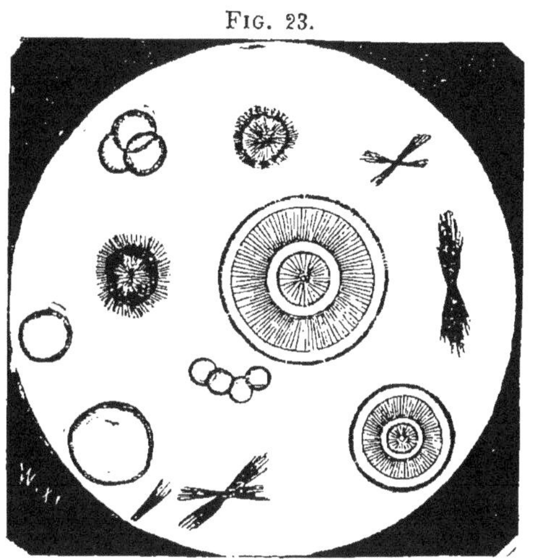

Leucine et tyrosine.

b) La **tyrosine** cristallise en aiguilles extrêmement fines, soyeuses qui se réunissent souvent en touffes ou en bouquets.

GRAISSE.

On peut grouper de la façon suivante les cas où la graisse se présente dans l'urine en fortes quantités (chylurie) :

1. **La chylurie proprement dite,** qu'elle dépende ou non de parasites. La forme parasitaire existe dans les contrées tropicales et est produite par un ver arrondi, la Filaria sanguinis. Le passage de ce parasite du sang dans les reins amène à la fois la chylurie et l'hématurie.

2. **La dégénérescence graisseuse** avancée des reins ou d'autres parties de l'appareil urinaire (empoisonnements). Le mélange à l'urine du pus provenant d'anciens abcès peut également causer la chylurie.

3. Toute une série de **maladies graves** : la phtisie, les suppurations prolongées, la pyémie, les fractures étendues (1).

4. Le mélange de **sperme** etc. (*Eichhorst*).

5. On a encore observé la chylurie à la suite d'une **alimentation très riche en graisse** et des injections d'huile dans le sang pratiquées dans un but expérimental.

La graisse se présente sous forme de gouttes plus ou moins volumineuses, nageant à la surface du liquide (**Lipurie**) ou à l'état de fine division, comme dans le lait (**galacturie**). Dans le premier cas, l'aspect est le même que celui de l'urine purulente. Mais celle-ci, au bout d'un certain temps, abandonne un dépôt et devient plus ou moins transparente, tandis que l'urine graisseuse conserve son opacité. Il est rare qu'il se produise à la surface une sorte de couche crêmeuse.

Recherche de la graisse. Au microscope, la graisse se montre en très fines granulations ou bien, en gouttelettes plus ou moins volumineuses, avec des bords foncés et un centre brillant, très réfringent. Il ne faut pas oublier qu'à la suite du **cathétérisme,** on découvre presque toujours quelques gouttes graisseuses dans l'urine : on doit aussi tenir compte d'autres **impuretés.** — Au point de vue **chimique,** on peut faire usage des réactions suivantes : *a*) La chaleur donne naissance à l'odeur caractéristique d'acroléine; *b*) l'urine s'éclaircit plus ou moins complètement par l'addition d'éther, de chloroforme, de sulfure de carbone ou d'un mélange d'alcool et d'éther. Il est rare que le liquide devienne absolument clair et cela probablement, à cause de la présence de bactéries; *c*) versée sur du papier blanc, l'urine y laisse des taches de graisse.

Observation. Outre la graisse, on a encore trouvé dans l'urine chyleuse de la lécithine et de la cholestérine.

CYSTINE.

Cette substance azotée, particulièrement riche en soufre se trouve dissoute dans l'urine ou bien, constitue un sédi-

(1) La chyluric, dans ce cas, peut être rapprochée des embolies graisseuses du poumon qui surviennent dans les mêmes conditions.

ment gris-blanchâtre. En règle générale, sa présence est liée à l'existence de calculs de cystine : néanmoins, elle peut se rencontrer isolément, en dehors de toute formation de concrétions. Chose remarquable, elle se présente souvent chez différents membres d'une même famille. Les urines contenant de la cystine se distinguent par leur teinte pâle et leur tendance à l'alcalinité : par la putréfaction, elles exhalent quelquefois l'odeur d'hydrogène sulfuré.

Pour constater la présence de la cystine, l'examen microscopique est le moyen le plus expéditif. La cystine affecte la forme de tablettes incolores, régulières, hexagonales, insolubles dans l'eau, l'alcool et l'éther, facilement solubles dans l'ammoniaque; par l'évaporation de la solution ammoniacale, la cystine cristallise de nouveau (voir fig. 2, page 22).

Les réactions chimiques de la cystine seront indiquées plus loin, à propos des concrétions.

PARASITES.

On trouve dans l'urine de nombreuses espèces de champignons :

1. *Schizomycètes.*

a) **Microcoques,** petits corps sphériques, ponctiformes. **Microcoques de la blennorrhagie** (Gonococcus, *Neisser*) : ils se rencontrent dans l'urine en cas de cystite blennorrhagique; ils forment de petits amas et se réunissent ordinairement par couple ou par quatre : souvent, ils siégent à la surface des globules de pus et ils se laissent facilement colorer par les couleurs basiques d'aniline.

b) **Bacilles,** bâtonnets plus ou moins longs. A plusieurs reprises, on a constaté **les bacilles de la tuberculose** dans l'urine d'individus atteints de tuberculose des organes génito-urinaires. Cette constatation possède une grande importance diagnostique : elle peut servir à établir le diagnostic différentiel entre le typhus abdominal et une tuberculose miliaire aiguë ayant son point de départ dans l'appareil génito-urinaire. (*Proebsting*) Les procédés à employer pour cette recherche sont les mêmes que ceux qui sont mis en usage quand il s'agit de crachats : on rencontre seulement un peu plus de difficultés, parce que les bacilles sont ici moins nombreux que dans les crachats. Naturellement, il faut que l'urine ait libre cours et qu'elle provienne réellement du rein malade. L'auteur a observé récemment un cas qui est très instructif sous ce rapport : chez un jeune homme, le rein gauche notablement augmenté de volume et complètement transformé en une masse caséeuse, s'ouvrit à l'extérieur, au niveau de la région lombaire : dans les masses caséeuses qui se présentaient à la surface du rein malade, on trouva, intra vitam, des quantités énormes de bacilles de la tuberculose. Néanmoins, malgré des recherches minutieuses et répétées, mon collègue, le docteur *Gade*, ne parvint pas à découvrir un seul de ces bacilles dans l'urine. Sans doute, la cause de ce fait était la suivante : l'urine d'ailleurs abondante provenait non point du rein gauche qui était tout à fait dégénéré, mais du rein droit demeuré sain.

Indépendamment de ces microbes pathogènes, on rencontre encore dans l'urine une quantité considérable des diverses espèces de schizomycètes, sous l'influence de la putréfaction et dans les cystites (v. la fermentation alcaline de l'urine).

2. *Saccharomycètes.*

Les cellules de la levûre sont ovoïdes, brillantes, ordinairement disposées en chaînes et présentant à peu près la dimension d'un globule rouge du sang ; elles se rencontrent surtout, mais pas exclusivement, dans les urines sucrées. On a aussi trouvé des **sarcines**, même dans l'urine fraîche, sans que ces parasites existassent en même temps dans l'estomac.

Parmi les entozoaires, on peut trouver dans l'urine des habitants des tropiques, la Filaria sanguinis et le Distoma haematobium : l'un et l'autre produisent l'hématurie : le premier amène en outre la chylurie. — On rencontre parfois des **vésicules d'Echinococcus.**

L'oxyure vermiculaire et le **trichomonas vaginalis** peuvent passer du vagin dans l'urine.

Sous le nom de **Kyestéine,** on désigne une membrane mince, d'aspect souvent irisé, qui se forme fréquemment à la surface de l'urine, à la suite d'un séjour prolongé. Les éléments principaux dont elle est formée sont des gouttes de graisse, des bactéries, des cristaux de phosphate ammoniaco-magnésien et une masse muqueuse amorphe provenant sans doute de la fusion de cellules épithéliales. Contrairement à ce que l'on croyait autrefois, la kyestéine ne possède aucune signification pour le diagnostic de la grossesse.

GÉNÉRALITÉS SUR LES SÉDIMENTS.

Les sédiments méritent une attention spéciale et présentent, pour l'examen microscopique en particulier, une grande importance. Les différents éléments soit normaux, soit anormaux, qui constituent les sédiments, ont déjà été étudiés antérieurement ; il suffira donc ici de les réunir dans un tableau d'ensemble :

I SÉDIMENTS ORGANIQUES.	II SÉDIMENTS INORGANIQUES.	
	a) *Dans l'urine acide.*	b) *Dans l'urine alcaline.*
Sang.	Urates.	Phosphate de chaux.
Pus.	Acide urique.	Carbonate de chaux.
Cylindres.	Oxalate de chaux.	Urate ammonique.
Epithélium.		Phosphate ammoniaco-magnésien.
Spermatozoïdes.		Phosphate de magnésie.
Champignons.		
Cellules de la levûre.		
Entozoaires.		

Pour **l'examen,** il est bon de laisser déposer l'urine dans un verre pointu de moyenne dimension. Lorsqu'on a affaire à une faible quantité d'éléments en suspension, un repos de 12 à 24 heures est nécessaire pour que le sédiment puisse se constituer et s'amasser au fond du verre. Si le sédiment est dès l'abord assez abondant, on peut procéder immédiatement à l'examen. Au moyen d'une pipette à extrémité pointue, allongée, on dépose une petite goutte du sédiment sur un porte-objet, puis, on applique le couvre-objet et la préparation est terminée. Des bulles d'air qui peuvent se trouver dans la préparation serviront utilement pour la mise au point. Afin d'obtenir une vue d'ensemble, on emploiera d'abord un faible grossissement (environ 100 fois), puis, pour l'examen des détails, on prendra un plus fort grossissement (2 à 300 fois). On ne doit pas se contenter d'une seule préparation ; souvent, on n'arrive à découvrir des cylindres, par exemple, qu'à la suite de recherches répétées. — Une faute bien commune consiste à porter sur la lame de verre une trop grande quantité du dépôt. Indépendamment d'autres inconvénients, on s'expose à voir le liquide refluer au-dessus du couvre-objet, à mouiller l'objectif et ainsi à rendre l'examen impossible. On pourra facilement enlever l'excès d'urine à l'aide d'un petit morceau de papier à filtrer ou d'un linge. A défaut de verre pointu, on utilisera tout autre récipient, par exemple, une bouteille à médicament. Il est avantageux de placer celle-ci le goulot en bas : le sédiment se dépose après un certain temps sur le bouchon d'où on le recueille sans difficulté pour le porter sur la lamelle de verre.

ÉLÉMENTS ACCIDENTELS DE L'URINE.

Nous mentionnerons seulement quelques-uns des nombreux éléments accidentels qui peuvent se rencontrer dans l'urine et qui proviennent surtout de l'usage de divers médicaments.

Acide phénique (phénol).

L'urine normale elle-même contient des traces d'acide phénique ; mais, ce n'est qu'à la suite de son usage interne ou externe qu'il s'en trouve dans l'urine une proportion notable. Il n'existe jamais à l'état de liberté, mais, en combinaison avec l'acide sulfurique et la potasse sous forme de phénylsulfate de potassium. L'acide phénylsulfurique est un acide assez fort qui ne peut être chassé par l'acide acétique, mais seulement par l'acide chlorhydrique concentré. En suite de la combinaison de l'acide phénique avec le sulfate alcalin de l'urine, l'acide sulfurique semble disparaître de l'urine et ne peut plus être constaté qu'après décomposition du phénylsulfate. L'urine contenant de l'acide phénique présente, au bout d'un certain temps, une **coloration** particulière qui commence dans les couches supérieures et qui du vert-olive et du brun foncé, finit par arriver à une teinte quasi complètement noire. Ce phénomène dépend de la formation d'**hydrochinon,** produit de décomposition de l'acide phénique qui, en absorbant de l'oxygène, donne lieu à une combinaison de couleur brune. Il n'y a aucun rapport entre l'intensité de la coloration et la quantité d'acide phénique renfermé dans l'urine.

Recherche de l'acide phénique. Par suite de la disparition du sulfate alcalin de l'urine, l'acide acétique et la solution de chlorure de baryum ne provoquent aucun précipité ou bien, tout au plus, un trouble laiteux. Mais, si l'on ajoute de l'acide chlorhydrique concentré et si l'on chauffe, on obtient un précipité dense, blanc, de sulfate de baryte. Toutefois, cette réaction n'est pas caractéristique, attendu qu'il peut se trouver dans l'urine des acides conjugués autres que l'acide sulfo-phénique. Il faut donc recourir à la distillation et rechercher l'acide phénique dans le produit de cette distillation : on mélange 200 c. c. d'urine avec 40 c. c. d'acide chlorhydrique et par distillation, on réduit à 150 c. c. environ. On filtre le produit qui est souvent trouble et on l'additionne d'une petite quantité d'eau de brôme. La production d'un trouble ou d'un précipité floconneux, blanc-jaunâtre, devenant peu à peu cristallin et donnant l'odeur d'acide phénique quand on le traite par l'amalgame de sodium (tribromphénol), est caractéristique pour l'acide phénique. Voici encore d'autres réactions : coloration violette par addition d'une solution neutre de perchlorure de fer; coloration rouge lorsqu'on chauffe avec le réactif de *Millon*.

Observation. 1. Il ne faut pas perdre de vue que l'urine peut avoir été souillée par l'acide phénique après son émission. En pareil cas, l'acide phénique est libre : il pourra être séparé par distillation, après addition d'acide acétique.

2. Indépendamment de l'acide phénique, l'usage de la résorcine, de la naphthaline, de la décoction des feuilles de raisin d'ours ou de l'arbutine, produit aussi une coloration

foncée de l'urine, ce qui, suivant *Lewin,* dépendrait également de la formation d'hydrochinon.

Iode.

L'iode est une des substances qui sont le plus rapidement éliminées de l'organisme. L'élimination se fait principalement sous forme d'iodure de sodium.

Recherche de l'iode. 1. On ajoute de l'acide nitrique à l'urine comme dans la réaction de *Heller* pour l'albumine. S'il y a de l'iode, il se produira un anneau brun-clair à la surface de contact des deux liquides. On répand ensuite un peu d'amidon sur le liquide : les grains d'amidon prennent une couleur **bleu foncé** dès qu'ils arrivent en contact avec l'anneau brun.

2. On mélange 5 c. c. d'urine avec 1 c. c. d'une solution de **perchlorure de fer,** puis avec 2 à 3 c. c. de **chloroforme** ou de **sulfure de carbone.** Le chloroforme ou le sulfure de carbone prendront une magnifique coloration rouge.

Ces deux procédés reposent sur la mise en liberté par l'acide nitrique ou le chlore de l'iode qui peut alors manifester ses réactions caractéristiques.

Acide salicylique.

On constate sa présence en ajoutant goutte à goutte à l'urine, une solution neutre de perchlorure de fer. Il se produit d'abord un précipité floconneux de phosphate de fer : l'addition ultérieure du réactif fait naître une coloration violette, intense.

Observation. Pour s'assurer que les malades prennent les médicaments prescrits, on peut ajouter à ceux-ci de petites doses, inactives, de salicylate de soude (50 centigr. à 1 gr.), ou d'iodure de potassium (20 centigr.) qu'on recherchera dans l'urine (*Penzoldt*).

Tannin.

Dans l'organisme, le tannin se transforme en acide gallique qui est éliminé comme tel par l'urine. On le reconnaîtra à la couleur bleu-noirâtre produite par l'addition de quelques gouttes de perchlorure de fer liquide. — Mélangée d'un peu de lessive de potasse, l'urine devient brun-noire, par absorption d'oxygène.

Impuretés.

Parmi les diverses impuretés de nature organique qui peuvent se présenter dans l'urine, il faut mentionner en particulier **les filaments d'étoffe** et **les grains d'amidon.**

Le coton consiste en petits tubes creux, déprimés suivant leur axe, rubannés et contournés en spirale; les fibres de **lin** sont cylindriques ou aplaties, en partie creuses, très épaisses, munies çà et là de renflements nodulaires; **la soie** présente des filaments doubles, brillants, pleins, cylindriques qui, sous l'action d'une solution de sucre et d'acide sulfurique, se dissolvent et prennent en même temps une couleur rouge; **la laine** possède la même réaction, mais ses fibres présentent la structure des poils, c'est-à-dire qu'elles sont constituées de cellules épidermiques disposées à la manière des tuiles d'un toit et par suite, elles sont pourvues de nombreuses raies transversales; comme les poils de tous les mammifères, par l'action de la lessive concentrée de potasse, elles montrent, suivant leur axe longitudinal, un cordon médullaire bien net.

Les grains d'amidon ont un aspect tout à fait caractéristique : en outre, de même que tous les autres produits végétaux, ils se reconnaissent facilement à la couleur bleue que leur communique une solution iodurée d'iode étendue.

Des matières fécales pourront se rencontrer dans l'urine en cas de communication fistuleûse entre l'intestin et la vessie. Dans les mêmes conditions, on y trouvera aussi **des gaz.** Mais, en dehors de toute communication avec l'intestin, chez des diabétiques, on a observé le développement spontané de gaz dans la vessie (par suite de la transformation du sucre en alcool et acide carbonique?) et leur sortie par l'orifice uréthral (pneumaturie diabétique, *Guiard*).

Alcool.

A la suite de l'usage de spiritueux, de l'alcool passe dans l'urine, mais en si faible proportion que sa constatation n'est possible que dans le produit de la distillation de l'urine : d'après *Heubach* et *Binz*, cette proportion serait de 0.13 à 3.10 % et, suivant *Bodländer* au moins 95 % de l'alcool ingéré serait brûlé dans l'organisme et éliminé sous forme d'acide carbonique et eau.

Ses réactions sont les suivantes :

1. **Réaction de l'iodoforme,** d'après *Lieben* (v. acétone, p. 121).

2. **Réaction par l'acide chromique.** — On mélange quelques gouttes du produit de la distillation avec quelques gouttes d'une solution faible de bichromate de potassium et d'acide sulfurique dilué, puis, on chauffe. S'il y a de l'alcool, la couleur jaune du liquide deviendra verte, par suite de la réduction de l'acide chromique en oxyde chromique, et il pourra se dégager l'odeur caractéristique de l'aldéhyde.

3. **Réaction du xanthogène.** — Pour cette réaction, il est bon de rectifier une ou deux fois le produit de distillation dans lequel on soupçonne la présence de l'alcool. On mélange quelques centimètres cubes du liquide rectifié avec quelques centigrammes de potasse finement pulvérisée et quelques gouttes de sulfure de carbone, on agite doucement jusqu'à ce que le sulfure de carbone soit dissous, on étend d'un égal volume d'eau et finalement, on ajoute une goutte de sulfate de cuivre. De la sorte, il se forme un précipité qui, souvent brun au début, devient bientôt jaune (xanthogénate de cuivre) quand il existe de l'alcool. Si le précipité devient vert (hydrate cuivrique), on ajoutera un peu d'acide chlorhydrique.

Les trois réactions qui viennent d'être mentionnées indiquent à la vérité la présence de l'alcool, mais elles peuvent être également produites par d'autres substances voisines de l'alcool. Lorsque toutes trois donnent un résultat positif, il est assez certain qu'il y a de l'alcool : la chose est indubitable, quand il se manifeste une odeur nette d'aldéhyde dans la seconde réaction.

CONCRÉTIONS.

Suivant le volume, on distingue **le gravier** (gravier rénal, sable rénal) qui est formé de granulations très petites ou de la dimension d'une tête d'épingle et **les calculs** proprement dits.

Parmi les éléments constitutifs des calculs, voici les plus importants : 1. **l'acide urique** et ses sels ; 2. **l'oxalate de chaux** ; 3. **les phosphates et les carbonates** ; en outre, 4. **la cystine** et enfin, mais très rarement 5. **la xanthine** et 6. **les composés protéiniques.** — Les calculs de **cholestérine**, **d'urostéalithe** (*Heller*) et **d'indigo** constituent des raretés si exceptionnelles que nous pouvons bien n'en pas tenir compte.

Ces concrétions sont **homogènes**, ce qui se présente surtout lorsqu'elles sont de petites dimensions (calculs d'urates, de cystine), ou bien, elles renferment plusieurs éléments. Dans ce dernier cas, on trouve fréquemment un noyau au centre et autour de lui, un ou plusieurs éléments disposés en couches concentriques : par exemple, on rencontre assez souvent des cristaux d'oxalate avec un noyau d'acide urique et un revêtement superficiel d'urates. — Le noyau présente une certaine importance pour rendre compte de la formation des concrétions : le plus ordinairement, il est constitué par de l'acide urique, mais parfois, il est formé d'oxalate de chaux, de phosphates terreux ou de cystine. Il arrive aussi que du mucus, des coagulations sanguines, plus rarement des corps étrangers tels que l'extrémité d'une bougie servent de centre à la production du calcul.

Examen des calculs. Lorsque les concrétions sont fort petites, ou lorsqu'elles se présentent en fragments peu considérables, il sera bon de les broyer dans un mortier de marbre afin d'obtenir un mélange bien homogène des différents éléments. Les concrétions volumineuses seront au contraire, divisées en deux parties égales à l'aide d'une scie fine. La poudre qui résulte de cette division sera suffisante pour la détermination des **éléments constitutifs.** On arrivera à distinguer nettement les différentes couches en polissant une des moitiés sur du verre mat et en essuyant la surface avec un linge. Pour déterminer la composition des différentes couches, on enlèvera à l'aide d'un canif une petite quantité de poudre de chacune d'elles et on la soumettra à l'examen.

L'analyse spéciale sera pratiquée de la façon suivante : on soumettra une certaine quantité de la concrétion pulvérisée à l'incinération dans une capsule de platine et l'on observera si la poudre brûle entièrement ou si elle laisse un résidu, si la combustion s'accompagne d'une flamme visible ou non, s'il se produit un bruit de crépitation, s'il se dégage une odeur particulière.

I. La poudre brûle complètement.

Dans ce cas, il peut s'agir d'acide urique, d'urate de soude, d'urate ammonique, de cystine, de xanthine ou de combinaisons protéiniques.

1. **L'acide urique et les urates** brûlent sans flamme visible et donnent avec l'ammoniaque la murexide rouge, avec la potasse, la murexide violette.

a) **L'urate de soude** se distingue de l'urate ammonique et de l'urate de soude parce qu'il laisse sur la capsule de platine un léger trouble après l'incinération. Si l'on met en contact avec ce trouble un papier rouge de tournesol trempé dans l'eau distillée, le papier devient bleu par l'action de carbonate de soude ou de soude caustique résultant de la combustion.

b) **L'urate ammonique** se distingue de l'acide urique par la constatation de l'ammoniaque que l'on chasse à l'aide de la potasse. A cet effet, on additionne 10 à 20 centigr. de la concrétion pulvérisée avec quelques gouttes de lessive de potasse concentrée dans un vase pointu. On recouvre ce vase d'un verre de montre à la surface interne duquel on a fixé un morceau de papier rouge de tournesol mouillé à l'eau distillée : au contact de l'ammoniaque, ce papier bleuira après 1 à 2 minutes, et par l'action de la chaleur, dégagera l'odeur caractéristique d'ammoniaque. Le papier de curcuma donnerait une couleur brune.

e) **L'acide urique** libre, soumis à la réaction indiquée, fournit un résultat négatif.

Observation. Les calculs d'acide urique et d'urates sont plus ou moins allongés, d'une couleur rouge-jaunâtre ou rouge-brunâtre, lisses à la surface et assez durs. La cassure présente une structure grenue, amorphe, rarement cristalline.

2. **Cystine.** Elle brûle avec une flamme bleuâtre, peu apparente, visible seulement dans un endroit obscur et dégage une odeur pénétrante de graisse brûlée ou de soufre. La poudre se dissout dans l'ammoniaque étendue et montre au microscope des tablettes hexagonales régulières (fig. 2, p. 22).

Observation. Les calculs de cystine sont généralement petits et ovales; leur surface est d'un jaune-mat, lisse ou légèrement ondulée. La cassure offre l'aspect cristallin et l'éclat de cire ou de graisse. La consistance des calculs est assez molle; celle de la poudre ressemble à du savon.

3. **Xanthine.** Elle brûle sans flamme visible, chauffée avec de l'acide nitrique dans une capsule de porcelaine, elle laisse un résidu jaune-orange. A la différence de l'acide urique, ce résidu ne se modifie pas au contact de l'ammoniaque et se dissout dans la potasse avec une couleur rouge, couleur qui disparaît par la chaleur.

4. **Protéine** (fibrine). Ces calculs brûlent avec une flamme très apparente et en répandant une forte odeur de plumes ou de poils brûlés.

II. La poudre ne brûle pas ou seulement d'une façon incomplète.

Dans cette éventualité, le calcul est formé principalement de sels de chaux ou de magnésie (oxalate de chaux, carbonate de chaux, phosphate de chaux, phosphate ammoniaco-magnésien).

1. **Oxalate de chaux.** L'addition d'acide chlorhydrique à la poudre ne provoque point d'effervescence. Lorsqu'on soumet ces calculs à la chaleur, il se produit une lueur particulière et parfois, une légère crépitation. La chaleur transforme l'oxalate en carbonate qui fait effervescence au contact d'une goutte d'acide chlorhydrique.

Observation. Les calculs d'oxalate de chaux sont globuleux, pesants et durs ; leur surface est de couleur foncée, inégale, pourvue de saillies et d'élevures mamelonnées qui les ont fait comparer au fruit du mûrier (calculs muraux). Quelquefois pourtant, leur surface est lisse et leur coloration claire : dans ce cas, leur volume est peu considérable.

2. **Carbonate de chaux.** Il fait effervescence par l'acide chlorhydrique sans qu'il ait été soumis à la chaleur.

Observation. Les calculs de carbonate de chaux sont gris-blanchâtres et d'une apparence crayeuse.

3. **Phosphate de chaux et phosphate ammoniaco-magnésien.** Par la chaleur, la poudre se prend en une masse blanche, ayant l'aspect de l'émail, se dissolvant complètement dans l'acide chlorhydrique, ne faisant effervescence ni avant, ni après l'incinération. Lorsque l'on ajoute à la solution de l'ammoniaque, goutte à goutte, jusqu'à réaction alcaline, il se produit un précipité blanc, floconneux, de phosphate de chaux amorphe et de phosphate ammoniaco-magnésien cristallisé; ce dernier se présente en forme d'étoiles, de croix obliques, rarement en cristaux bien développés. Au microscope, d'après le rapport entre le nombre des granulations et des cristaux, on pourra reconnaître la prédominance de l'un ou l'autre des éléments.

Observation. Les phosphates constituent des calculs blanchâtres, ovales; leur aspect est terreux, poreux quand le phosphate ammoniaco-magnésien prédomine ; il est plus consistant et plus ferme, quand l'élément principal est le phosphate de chaux.

TABLEAU RÉSUMANT LES PRINCIPAUX CARACTÈRES DES CALCULS.
(Ultzmann).

<table>
<tr><td rowspan="3">Concrétion brûlant complètement.</td><td rowspan="2">Concrétions brûlant avec une flamme visible et avec une odeur caractéristique.</td><td>a). Flamme jaune et odeur de plumes et de cheveux brûlés.</td><td>Albuminoïdes.</td></tr>
<tr><td>b). Flamme légèrement bleue (flamme de soufre) et odeur de soufre.</td><td>Cystine.</td></tr>
<tr><td>Concrétions brûlant sans flamme visible et sans odeur caractéristique.</td><td>Urates.</td><td>Acide urique libre.
Urate de soude.
Urate d'ammoniaque.</td></tr>
<tr><td rowspan="3">Concrétions ne disparaissant point par l'incinération.</td><td>La concrétion pulvérisée fait effervescence par addition d'acide chlorhydrique.</td><td colspan="2">Carbonate de chaux.</td></tr>
<tr><td rowspan="2">La concrétion pulvérisée ne fait pas effervescence par addition d'acide chlorhydrique.</td><td>La poudre fait effervescence par l'acide chlorhydrique après incinération.</td><td>Oxalate de chaux.</td></tr>
<tr><td>La poudre ne fait pas effervescence par l'acide chlorhydrique même après incinération.</td><td>Phosphates terreux.</td></tr>
</table>

Appendice.

Faux calculs. Sous ce nom, on comprend diverses substances mélangées à l'urine avec ou sans intention. Sous ce rapport, tout est possible. Les additions les plus communes sont **le sable** et les **petits cailloux.** Leur nature se reconnaîtra au microscope et, si cela est nécessaire, par voie chimique. Parfois aussi, on rencontre **des**

pois. L'auteur connaît un cas de ce genre; pendant plusieurs mois le malade, ou plutôt le simulateur, s'introduisit des pois dans l'urèthre pour les expulser ensuite avec l'urine et les présenter au médecin comme des concrétions. La forme et la consistance pourra déjà permettre de reconnaître la nature de ces pseudo-calculs : l'aspect de la surface de section donnera également une indication; enfin, par l'examen chimique, on obtiendra la réaction de la cellulose.

FIN.

TABLE DES MATIÈRES

FIN DE LA TABLE DES MATIÈRES.

TABLE ALPHABÉTIQUE DES MATIÈRES

FIN DE LA TABLE ALPHABÉTIQUE DES MATIÈRES.

www.ingramcontent.com/pod-product-compliance
Ingram Content Group UK Ltd.
Pitfield, Milton Keynes, MK11 3LW, UK
UKHW020329230726
13925UKWH00002B/707

9 782014 024623